阳台百变景观

理想·宅 编

U0285176

海峡出版发行集团
THE STRAITS PUBLISHING & DISTRIBUTING GROUP

福建科学技术出版社
FUJIAN SCIENCE & TECHNOLOGY PUBLISHING HOUSE

图书在版编目（CIP）数据

阳台百变景观 / 理想·宅编 . —福州：福建科学
技术出版社，2015. 10
ISBN 978-7-5335-4852-0

Ⅰ . ①阳… Ⅱ . ①理… Ⅲ . ①阳台 – 景观设计 Ⅳ .
① TU986.4

中国版本图书馆 CIP 数据核字（2015）第 219723 号

书　　名	阳台百变景观	
编　　者	理想·宅	
出版发行	海峡出版发行集团	
	福建科学技术出版社	
社　　址	福州市东水路 76 号（邮编 350001）	
网　　址	www.fjstp.com	
经　　销	福建新华发行（集团）有限责任公司	
印　　刷	福州德安彩色印刷有限公司	
开　　本	700 毫米 ×1000 毫米　1/16	
印　　张	10	
图　　文	160 码	
版　　次	2015 年 10 月第 1 版	
印　　次	2015 年 10 月第 1 次印刷	
书　　号	ISBN 978-7-5335-4852-0	
定　　价	49.80 元	

书中如有印装质量问题，可直接向本社调换

前言 foreword

    建筑是静止的，而空间则是灵动的。居室中的阳台空间是阳光的舞台，也是城市中的人们接触大自然的窗户。阳台的景观是立体的、综合的艺术。阳台的多变造型也是为了辅助人们的生活，它使人们的家居生活更加完美、更加舒适。阳台的不同造景设计除了满足家庭生活的功能需求外，还必须追求景观视觉上的美，使阳台的景观成为居室设计的一大亮点。无论阳台是大、是小，都应有各自的功能和景观特点。阳台造景有法而无定式，同样的功能区域可用不同的构思设计，使之具有独特的立意，也能够迎合居室环境整体的风格特点。

    本书由理想·宅 Ideal Home 倾力打造，以阳台的多功能设计为出发点，从阳台空间的不同设计形式特点入手，将全书分为 3 部分：阳台小百科帮助大家对阳台做出全方位的诊断，帮助人们更加了解自己的阳台特征；阳台小时光列举 6 类不同的阳台功能区，并对阳台的不同功能做细节上的要点说明；阳台小植物列举 50 种独具特色的植物种类，并对他们进行生活化的注解。此外，本书精选的创意阳台图片也是本书的一大特点，每张图配以实用的点评，旨在结合实际图片更直观地将一些设计手法呈现出来。

    参与本书编写的人员有：卫白鸽、杨柳、刘团团、王广洋、邓丽娜、黄肖、刘向宇、邓毅丰、李小丽、王军、于兆山、张志贵、李四磊、肖冠军、梁越等。

目 录

CONTENTS

Part 1

阳台小百科

——51 个阳台管理知识

　　每家每户都会有一个阳台，但是每一户的阳台其类型、方位以及所处的环境条件都不尽相同，在动手设计阳台之前，必须先了解阳台的具体知识。不同的阳台类型有不同的特点，它能够适合不同的家居生活环境；阳台的朝向并不难区分，了解不同朝向阳台的特点能够帮助我们打造更合适的阳台空间；阳台的材料能够直接影响阳台环境的风格特点，所以对于阳台的材料也应有全面的了解。

阳台 类型

　　阳台的类型取决于建筑形式和家居空间的使用方式。不同的建筑形式使用不同的阳台类型，来保证建筑的完整和美观。而生活品质的进步使阳台设计更趋于多样化，无论从建筑立面、阳台外形还是使用功能上，都令人耳目一新，有了别样的味道。

1 根据阳台结构区分阳台类型

　　阳台一般由承重结构（梁、板）和栏杆组成。按照其结构的不同应用方式可分为悬挑式、嵌入式、转角式三类。

◆视野开阔的悬挑式阳台，未放置过多的物品，整个阳台干净清爽。

◆半圆形阳台扩大了视角，浅色系的窗帘使阳台的光线变得柔和，同时能够增加落地窗的安全感。

◆采用不同形式的铺装来界定阳台空间，阳台丰富细腻的装饰增加了阳台的休闲性。

◆建筑转角处的阳台，也是建筑外观的装饰品。

2 悬挑式阳台的承重结构特点

悬挑式阳台就是外阳台，阳台有三个面能与室外环境接触。一般阳台是通过墙体来承重的，而悬挑式阳台是悬在墙体外部，通过中间的承重墙，在墙体的内部有一个承重的部分在"挑着"阳台，这种阳台称之为悬挑式阳台。

◆悬挑式阳台的下方设计了三角支架，使阳台的承重力更强。

◆木质和鹅卵石铺装的阳台十分干净优雅，阳台环境也十分独立。

3 悬挑式阳台不宜放置过重的物体

悬挑式阳台可以放置一些简单的东西，比如晾晒衣物，放些轻的杂物等，不宜放置过重的东西。在设计的时候也要注意，不要破坏阳台下面的承重墙以及"挑"的部分，以免对房体结构造成损伤。

◆木质的装饰使阳台的休闲特征更加明显，也与室内装饰保持一致。

◆简约大方的阳台设计符合阳台的承重条件，同时也有古雅的韵味。

④ 嵌入式阳台的结构特点

嵌入式阳台就是内阳台，无悬挑梁板，阳台只有一个方向可享受到室外环境。从外部看起来就像是从外部镶嵌进来的一样，因此称为嵌入式阳台。

◆卧室的阳台通过铺装进行区分，精致的装修使阳台的休闲气息更强烈。

◆与客厅相连的嵌入式阳台，是一处幽静的画室。

◆与室内环境相连的嵌入式阳台，使用玻璃来封闭阳台，使室内环境也具有阳台的休闲特点。

5 嵌入式阳台与居室环境的融合

嵌入式阳台是在居室的内部，不是在外部。这类阳台在设计的时候应与居室总体的设计效果结合，与内部空间融为一体，使它既不会从整体效果脱离出来，又会给内部空间带来扩展性，方便家居生活，这既是阳台设计的初衷，也是现代生活的需要。

◦飘窗式的嵌入式阳台成为室内赏景的休闲平台。

◦嵌入式阳台不与室内餐区、卧室空间进行隔断，在空间内部也像是室内的独立空间区域。

6 转角式阳台的结构特点

转角式阳台只能设置在房屋转角处，能同时接受两个朝向的采光和自然通风，享受开阔的视野景致，但对高层建筑的抗扭转性较为不利。

◆楼层的转角设计给阳台的造型增添了无限的可能性，阳台空间也变得更有特点。

◆别墅的转角设计成开放式阳台，也为楼下的休闲区域洒下一片阴凉。

7 **根据阳台的封闭情况区分阳台类型**

　　阳台的封闭情况直接影响阳台的环境条件，从而影响阳台的用途。根据阳台的封闭情况阳台可分为封闭式、半开放式和开放式。具有不同封闭情况的阳台有着不同的利用特点。

◆开放式的阳台采用防腐木铺装，延长阳台的使用寿命。

◆封闭式阳台上展示架的装饰，使阳台的休闲特点更加明显。

◆开放式的阳台装饰着丰富的花草，结合天然碎石的铺装，整个阳台充满了自然气息。

◆封闭式阳台在角落处使用鹅卵石，营造了一处河滩的微型景观。

8 封闭式阳台具有安全防干扰的优点

　　阳台封闭后，多了一层阻挡尘埃和噪音的窗户，有利于阻挡风沙、灰尘、雨水、噪音的侵袭，可以使相邻居室更加干净、安静。同时封闭的阳台与居室空间相连，扩大了居室的实用面积。阳台封闭后，房屋又多了一层保护，也能够起到安全防范的作用。

◆封闭式阳台采用轻便的竹帘作为窗帘，阳台的私密性更强。

◆使用玻璃封闭的阳台在外观上与居室的窗户保持统一，保证建筑的整体美感。

9 封闭式阳台使居室与外界有了隔离

　　阳台封闭后影响了阳光直接照射房间，不利于室内杀菌；也阻挡了空气对流，夏季室内热量不易散发，造成闷热；居室与外界隔离，冬季室内空气不易流通。

◆使用玻璃封闭的阳台，使阳台不受外界环境的干扰，又不阻挡人们的视线，阳台环境更舒适。

10 半开放式阳台具有充足的光线

半开放式的阳台就是阳台护栏部分是砖混结构，上面没有封半截窗，阳台有顶面能够遮挡一定的风雨。半开放式的阳台有一面直接与室外环境连接，光线也能够直射室内，是室内与室外环境融洽舒适的连接点。

◆半开放式的阳台有顶面，使用木质装修和藤制家具结合，整个阳台的意境更加古朴。

11 半开放式阳台不能阻挡一些环境干扰

半开放式阳台能够阻挡一部分室外环境对室内的干扰，但对于大风、灰尘、噪音等环境污染没有阻挡作用，因此半开放式的阳台与室内环境不能完全形成空间上的结合。

◆内容丰富的阳台既有精致的山水景观，又有古朴舒适的休闲空间。

◆半开放式阳台的栏杆处是最接近外界环境的地方，也是植物的乐园。

12 暴露在环境中的开放式阳台

开放式的阳台一般指没有顶面的阳台，阳台环境完全暴露在室外环境中，使阳台环境有露台的氛围。开放式的阳台也是居住在高层的人们难得的与大自然环境接触的空间。

◆白色的休息桌椅在绿色的阳台环境中显得更加清新舒适。

◆开放式阳台遮阳伞下的空间独立又安静，是休闲的好去处。

13 开放式阳台是舒适的休闲平台

开放式阳台能够保证室内具有良好的自然光线，也使室内与室外环境的接触更加直接，室内环境更亲近自然，开放式的阳台是一处直接享受阳光、望远、纳凉、种花种草的休闲平台。

◆弧形的开放式阳台拥有更广阔的观赏视角，简约的装修方式增加了环境的空旷感。

◆玻璃栏杆使阳台与自然环境的距离更加贴近，简约现代的阳台风格在环境中也是一道风景。

⑭ 有层次的抬起式阳台

抬起式阳台是使阳台的地面高于与之相连的居室地面，形成两到三个台阶错层的感觉，空间高度的变化使整个环境空间有了丰富的层次感。

◆卧室的阳台与地面有一个错落的台阶，使阳台的空间在环境中更明显独立。

◆使用阳台的木质铺装使阳台环境具有了层次感，整个空间也有了更多的变化性。

⑮ 实用又舒适的双层阳台

双层阳台是将阳台分为里外间，外层阳台有围栏和露台，伴随着自然的环境可以尽情赏景，而内层阳台也叫玻璃阳光室，为室内遮挡风雨。

◆以透明的玻璃隔开的双层阳台在视线上是一个整体。

◆以玻璃封闭的内阳台与开放的外阳台形成对比，内阳台环境更加温馨。

16 建筑特殊部位的弧状阳台

弧状阳台一般都位于建筑的特殊部位，这样的设计也越来越多地应用在了楼盘中。一方面满足了建筑立面设计的需要，另一方面也开阔了阳台的视野，给人们带来全新的视觉感受。

◆建筑附带的弧形阳台在细节处也体现自己的独特，精巧的金属栏杆就为环境增色不少。

◆弧形阳台的边缘设计为花池，也使植物的设计有了自然的曲线，同时增加了阳台的层次。

◆沿着阳台弧度设计的座椅使阳台有了更多的休息空间。

◆阳台的弧度增加了室内环境的安全感，同时也开辟出一片独特的休闲空间。

17 视线透明的栏杆型女儿墙

栏杆型的女儿墙，阳台内部可以获得更多的光照，阳光可以照射到整个阳台空间，同时也不会因为女儿墙的存在而影响阳台上植物的生长。采用栏杆型的女儿墙可以从阳台外部就可以直观观赏到阳台的景色。

◆金属栏杆设计得十分简约，与阳台的家具也有很好的搭配。

◆造型别致的金属栏杆在阳台上也是一处精美的装饰。

18 水泥型女儿墙的私密性比较好

以水泥和砖石为材质的女儿墙，不论阳台的朝向如何，都会使阳台内的采光率降低，它在开放式阳台中应用较多。水泥型女儿墙能够较好地保证阳台环境的私密性，更适合面积较大的开放式阳台。

◆利用石材和面砖等材料砌成的女儿墙，使开放式阳台的安全感更强。

阳台 朝向

阳台朝向的重要性是不容忽视的，不同朝向的阳台有着自己独特的环境特点，也能够产生独一无二的环境感受。有些阳台之所以令人有舒适安逸之感，正是因为它的朝向好、视野宽阔、采光通风好，经过精心布置的阳台环境充满生气与活力，使人产生与自然协调的舒适感。

19 **了解阳台朝向才能合理利用阳台**

阳台通常是居家环境中阳光最充足的地方，也是花草植物最喜欢的地方，但是阳台的方位不同，会影响到其所接受的日照程度，所以了解自家阳台处于哪个方位，才能够选到最适栽的植物。

◆透明的玻璃门使室内环境也能享受到充足的阳光。

◆环境较为郁闭的阳台没有设计过多的植物，利用休闲家具来体现环境的舒适性。

◆别墅阳台的外观与建筑的外观保持一致，使建筑的风格更加完整。

20 简单辨别阳台朝向的小方法

　　阳台所谓的东西南北朝向，指的是阳台正对着的方位，换言之也是背靠室内或阳台依附的建筑，从阳台看出去的方向。举例来说，从阳台看出去的方向是南向的话，那么就是南向阳台。

◆阳台正对着户外丰富的植物景观，窗外的绿与家具形成色彩上的对比。

◆对于有光线直射的阳台，需要设计遮阳的工具使阳台环境更加舒适。

◆采光较差的阳台角落设计的植物也比较耐阴。

◆视野开阔的阳台设计为简约的休闲区，使空间的休闲性更加明显。

21　光线充足的南向阳台

　　南向阳台是所有朝向阳台中最完美的阳台，对于喜爱植物的人来说它具有较好的优势。南向阳台光线充足，全天有阳光，且四季都不受日照时间的影响。

◆能够接受全天阳光的南向阳台设计为开放式，丝毫不浪费阳光。

◆半开放式的南向阳台光线被屋顶阻挡了一部分，设计为休闲区十分舒适。

◆落地窗的设计使阳台能够全面享受到阳光，不论是植物还是人们这里都是好去处。

22 南向阳台适合栽植阳光花草

　　南向阳台在附近无高大建筑遮蔽的情况下，相当于拥有全日照的栽种条件，适合栽种耐晒、需要光照强的全日照阳性植物。

◆采光好的南向阳台设计了月季、石竹、天竺葵等众多花草。

◆面积较小的南向阳台将植物装饰在墙面上，充分利用阳台的光线。

23 南向阳台栽培植物应勤浇水

　　充足的光照是南向阳台的特点，但在实际栽种植物时，应当注意水分是否蒸发较快，并且随着季节调整浇水的次数。夏季酷暑，应当对阳台环境进行适当的遮阴。

◆开阔、干净的阳台有了阳光，简单的布置就能产生轻松、曼妙的休闲效果。

◆布置了较多盆栽的南阳台，应及时给盆栽补充水分。

24 下午光照充足的西向阳台

西向阳台属于半日照的环境，主要日照集中在下午，且是强烈的日照，将阳台晒得很热，容易使阳台的温度飙升，夏季更为明显。

◆阳台位于建筑的侧面，在午后能够逐渐接受到阳光的照射。不论是休闲案几还是舒适的躺椅，这里的午后都将明媚而悠闲。

◆镂空的座椅、秋千椅使环境变得简单，木质材料也充满了午后舒适的阳光味道。

25 西向阳台适合耐热的植物

西向阳台的下午会出现西晒的问题，植物生长容易受限，故而在选择植物时，应挑选多肉植物、仙人掌类或木本植物等耐热、耐旱、喜阳的植物类型。

◆在阳台的栏杆上悬挂植物，植物的枝叶随意伸展，表现植物自然的美姿。

◆阳台上的植物布置十分丰富，墙角的盆栽、栏杆上悬挂的花盆以及垂吊的盆栽依次丰富了阳台的立面空间。

26 西向阳台应帮助植物适当降温

西向阳台的植物盆栽水分蒸发较快，建议使用较大型的花盆和保水性较好的盆土来保湿。夏季，整个阳台的温度颇高，必须帮助植物降温，顺利越夏。

◆下午的西向阳台阳光毒辣，为阳台设计窗帘使光线变得更加柔和。

◆简约的纱帘削弱了阳台的光线，下午的阳台休闲区环境更加舒适。

27 上午光线良好的东向阳台

可以看见太阳升起的东向阳台属于半日照环境，拥有一上午的日照环境，日光比较温和，下午只有非直射光线，夏季比冬季的光照强烈。

◆简单设计的阳台环境，以黄褐色的木铺装和茂盛的仙人掌来表现阳台的意境。

◆上午的光线本就柔和，故而有植物还有休闲椅的东向阳台也是打发时光的好地方。

◆简约古朴的木质家具包围在花盆植物中，营造田园乡村的环境感受。

28 东向阳台适合短日照植物

东向阳台的半日照环境可以满足一般花卉对直射光的需求而避免灼伤花卉，适合种植短日照植物和稍耐阴的植物。东向阳台的水分蒸发不如西向阳台快，适合栽植怕失水、叶较细的盆花。

◆阳台植物的设计充分利用了植物本身的特点，葡萄的攀爬、橡皮树的高枝干以及各类小盆栽的点缀，丰富了阳台环境。

◆丰富的阳台植物进行立面装饰，留出整洁的阳台地面，金属家具也被衬托得更加轻巧。

29 东向阳台应防止植物发生冻害

东向阳台对于喜温畏寒的花卉，需要搬入室内过冬或者加盖防护罩保暖防止冻害；对于耐寒性较好的花卉，也应在严寒天气时套上塑料膜或塑料袋保暖。

◆阳台封闭能够营造稳定的阳台环境，使植物生长不受阻碍，同时封闭后的阳台也是一处明媚的休闲空间。

30 没有直射光线的北向阳台

北向阳台的光照条件是四个朝向的阳台中最差的。全天几乎没有直射光照，仅靠散射光线，对于多数植物来说仍显不足。这样的日照环境对植物的选择具有挑战性。

◆北向阳台接收不到直射光，但清爽的环境仍是舒适的休闲空间。

◆靠散射光照亮的北阳台，设计藤质的家居，环境也有了小清新的感觉。

◆背靠大自然的阳台环境，即使没有阳光也仍有很强的舒适感。

◆北向阳台的休闲区不必担心暴晒的问题，设计窗帘可以保护室内环境的隐私。

31 北向阳台适合耐阴植物

　　北向阳台的日照条件差，栽植以需光量少、性喜潮湿阴凉的耐阴植物为主。常见的开花植物缺少光照较难生长，因而较为适合栽植观叶植物以及苦苣苔科的观花植物。

◦北向阳台没有直射的光线，放置喜阴、不喜欢阳光直射的滴水观音非常合适。

◦缺乏光照的北向阳台，使用枝叶柔软的铁线蕨来装饰，增加阳台温暖柔和的气息。

32 北向阳台的植物遇到恶劣天气应及时转移

　　北向阳台的风势较强，必须注意盆栽是否会快速失水，相应调整浇水的次数。当遇到寒流时也容易出现失温，应及时将植物转移至室内。

◦没有色彩鲜艳的植物装饰的北向阳台，可以通过色彩鲜艳的栏杆、家具等装饰来丰富阳台的色彩。

33 阳台朝向与风力有着密切的关系

南向阳台的风势缓和，且没有西风的危害；东向阳台只在冬季略受风势影响；北向阳台容易遭受强风的影响；而西向的阳台在冬季受风力影响较大，较为寒冷。

◆透明玻璃结合实木框打造的阳台窗户，既有装饰效果也能抵御户外环境的干扰。

◆受风力影响较小的南向阳台设计为半开放式。

◆玻璃栏杆不会影响人们的视线和光线，同时又为盆花阻挡了风力的干扰。

◆半开放式的阳台，设计的装饰品、家具等，采用的是受环境影响较小的材质。

阳台 材料

可以用来装修阳台的材料多种多样，不同的装修材质具有不同的特点和用途，也能够表达出独特的环境意境。了解这些不同阳台装修材料的性能特点，在装饰阳台的过程中，就能够把握好阳台的整体布局概念。

34 使用美观又实用的玻璃材料来封闭阳台

封闭阳台的玻璃可用平板玻璃或钢化玻璃。颜色宜用宝石蓝、翠绿、茶色等。也可用镀膜玻璃，这种玻璃从外面见不到里面，里面则可以看见外面，保证了阳台的私密性。

◆玻璃封闭的阳台结合色彩古雅的窗帘，整个空间变得更加实用。

◆透明的玻璃结合白色的铝合金窗户，将阳台封得比较严实，确保阳台环境的安全。

◆阳台的顶面采用玻璃材质封闭，使阳台有了较好的采光，下雨天也别有一番风味。

35 铝合金打造轻便的封闭式阳台

封闭阳台的铝合金型材厚度应在1.2毫米以上。铝合金具有较好的耐候性、抗老化能力以及优秀的装饰性能。推荐使用推拉窗式。但它的隔热性不如其他材料，不属于节能产品。

◆铝合金窗户比较轻便，作为阳台推拉门的框架，不会使门变得沉重。

◆黑色的门框与室内环境的风格搭配一致，不会显得比较突兀。

36 封闭阳台使用美观的德式铝包木窗

主体结构为纯木窗，通过特殊工艺在窗外侧镶嵌一层铝合金型材，从而形成铝包木窗，这样的构造加强了木窗的耐候性，同时建筑外观又可协调统一。铝包木门窗环保性、装饰性、节能性高于铝合金门窗，其铝合金表面可以喷涂各种颜色，以适应封闭阳台不同的建筑风格。

◆深蓝色的铝包木窗户，内层使用结实的实木材质，外层是防水的铝合金材质，增加了阳台窗户的坚固性。

◆绿色的门窗在简约的环境中也是一道亮丽的装饰风景。

37 使用结实的意式木包铝窗封闭阳台

　　主体结构为断桥铝合金窗，通过特殊工艺在窗内侧镶嵌一层优质纯木材，从而形成木包铝窗，这样的构造完美地保留了木窗的审美特色，同时增加了木窗的刚性、耐候性、风压性等特质。

◆意式木包铝门窗是将木材应用在外层，能够形成良好的装饰风格。

38 封闭式阳台的塑钢窗具有良好的封闭性

　　塑钢中间是钢结构，外面包裹着塑料的挤压成型的型材，一般为白色。它具有良好的隔音性、隔热性、防火性、气密性、水密性，防腐性、保温性等，但采光性能略差。

◆白色的窗户和室内的家居风格相呼应，整个空间显得更加温馨。

◆封闭性好的塑钢窗能够减少阳台盆栽在寒冷季节遭受的环境迫害，营造稳定的阳台环境。

39 实木窗打造的封闭式阳台受环境影响较大

实木窗可以制作出丰富的造型,可运用多种颜色,装饰效果较好。但是木材的抗老化能力差,冷热伸缩变化大,日晒雨淋后容易被腐蚀。

◆实木打造的阳台窗户经过风吹日晒容易遭到破坏,应当及时在表面刷漆做好防护。

◆实木和玻璃打造的阳台休闲温室,木质也是休闲环境中的装饰亮点。

◆整体化的木质装饰使阳台的整体性更强,风格也更明显。

◆木质装饰阳台窗户的框架,同时也能够装饰环境的细节,整个阳台简单却不乏韵味。

40 封阳台材料之新型实用的断桥铝合金

　　断桥铝合金就是里外两层都是铝合金，中间用塑料型材连接起来，这样既有铝合金的耐用性，又有塑料的保温性，它的表面可以喷涂成多种颜色。

◆黑色的阳台窗户与黑色的阳台铺装、阳台家具将阳台环境装扮得低调而奢华。

◆灰色的阳台窗户在环境中十分低调，整个阳台环境也不张扬。

41 使用具有休闲特征的无框窗封闭阳台

　　无框窗是一种新型休闲阳台窗，它能够抗风沙、抗气流、抗震、防寒、防水；能够提供最大限度的采光和最大面积的空气对流；能叠能收，不影响建筑的外立面。

◆自然光线在地面形成的方格，也是简单干净的阳台环境中的装饰图案。

◆弧形的阳台使用无框玻璃封闭，阳台小环境也像是一件艺术品。

42 阳台墙面的防水涂料应刷得更高更厚

　　阳台的防水涂料，应当选择抗拉强度大、延伸率大、耐老化的防水涂料。阳台刷防水涂料的高度不能低于30厘米，有洗衣机的地方应更高。如果是外露阳台，为了强化防水作用，应做得更高。厚度方面，防水涂料必须刷到国家验收规范的1.5毫米厚。

◆屋顶阳台刷上了暗黄色的涂料，阳台环境在阳光下显得更加温馨。

◆亮黄色的涂料使阳台环境显得十分活泼，环境氛围也更轻松。

43 色彩丰富的乳胶漆装饰阳台墙面

　　封闭式的阳台若是作为休闲空间，可以使用乳胶漆装饰内墙。乳胶漆安全环保且具有较高的遮盖力，不同的颜色也能够迎合不同风格的阳台，而更换起来也十分方便。

◆肉粉色的乳胶漆色彩温暖，结合帷幔的设计，整个阳台环境更加温馨。

◆阳台使用亮黄色的乳胶漆，活泼的色彩使阳台环境看起来十分明媚。

44 **结实耐用又有装饰效果的阳台墙面砖**

　　墙面砖是一种有趣的装饰元素，具有较好的防水效果，长期使用也不会变坏，对酸雨有较强的抵御能力，打扫起来也十分方便，用于踢脚线处装饰墙面，既美观又有保护墙基的作用，而且更换起来也十分方便。

◆阳台整体的色调为浅灰色，墙面砖若隐若现的花纹使空间具有了一些层次感。

◆细长的面砖铺装阳台墙面，有砖砌的效果，石材的组合也能营造良好的意境。

◆彩色的面砖使阳台环境更加明亮，丰富、柔和的色彩也使阳台有了室内环境的温馨。

◆橘黄色的面砖使阳台的墙壁仿佛是由红砖自然堆砌而成，配合柔亮的射灯，阳台环境更具休闲气息。

45 风格典雅的木质装饰阳台墙面

采用木质材料装饰阳台墙面会增加阳台亲近自然的感觉。木质装饰的墙面具有复古的韵味，同时也体现了人们对高端生活品质的追求。把自然、健康环保的概念融入阳台墙面装饰中，使阳台的环境更加舒适自然。

◆墙面的木花格装饰，赋予墙面更多的功能。

◆防腐木铺装的地面延伸到了墙面，整个阳台空间成为一体，墙面简单的装饰帮助空间区分层次。

46 木材是阳台地面铺装的暖性材料

木材铺装是一种"暖性"材料，给人以温馨、舒适的感觉，更显典雅自然。在阳台休息区放置桌椅的地方，与坚硬冰冷的石材相比它的优势更明显。经过处理的木材基本不受环境影响，铺装的阳台也十分耐用。

◆橘红色的木质铺装搭配简单的木质长椅，使阳台有返璞归真的自然感。

◆保留了原木色彩的阳台木质铺装，配合古朴的装饰和盆栽，整个阳台有了更多的乡土气息。

47 **类型丰富的面砖铺装出不同的阳台效果**

　　面砖铺装的形式多样，不但色彩丰富而且形状规格可控，是一种给人以亲切感的铺装材料，许多特殊类型的面砖还可以满足不同阳台的特殊铺贴需要，创造出特殊的阳台效果。面砖也是适用于阳台小面积铺装的材料。

◆利用不同类型不同色彩的面砖在阳台地面铺装成花纹，装饰阳台地面。

48 **石材铺装增添阳台地面的自然气息**

　　石材是所有铺装材料中最自然的一种，容易被人们所接受，耐久性、观赏性较好，也适合阳台明亮的环境，石材自然的纹理也能够增添阳台环境的自然气息。

◆利用鹅卵石和石板铺装阳台的地面，使阳台环境变得有趣，石材也变得温馨。

◆鹅卵石和石材面板在色彩、外形上都有明显的对比，这样的对比使阳台的地面层次更加明显。

49 **玻璃护栏也能够给阳台带来安全感**

玻璃护栏一般采用硬度高的钢化玻璃，厚度至少 12 毫米厚。比较合理的做法是用双层 6 毫米厚的玻璃，中间夹胶、内层钢化、外层不钢化。如果觉得没有安全感，可以在玻璃上贴图案或增加扶手。

◆玻璃材质的阳台护栏前栽植茂盛的植物，增加玻璃栏杆给人的安全感。

◆面对开阔的美景，玻璃栏杆也不小气，使阳台与大自然的接触更加亲密。

50 结实美观的锌钢阳台护栏

锌钢阳台护栏是指采用锌合金材料制作的阳台护栏,其具有高强度、高硬度、外观精美、色泽鲜艳等优点。可以根据需要做成各种颜色来装饰阳台环境。

◆花纹精致的栏杆,在阳台环境中具有较好的装饰性,在浅色调的环境中也比较显眼。

◆栏杆的色彩与阳台地面铺装的色彩相适应,阳台环境十分简单。

◆简单的锌钢栏杆,一点变化的曲线就使阳台不显得那么呆板,在阳台中也不过分抢眼。

51 **阳台要选择厚型的窗帘材料**

　　有阳光直射的阳台需要布置一些窗帘，阳台要选用耐晒、不易褪色材质的窗帘。厚型窗帘对于形成独特的阳台小环境及减少外界对阳台环境的干扰更具有显著的效果。

◆阳台的双层窗帘十分实用，纱帘使光线变得柔和，布帘保证环境的私密性。

◆厚实的阳台窗帘十分抢眼，也是阳台不可或缺的装饰品。

◆阳台窗帘的花色与室内的布艺装饰相呼应，保证整体空间的统一性。

◆窗帘的色彩往往能带动阳台环境的气氛，花色温暖的窗帘使阳台阅读变得更轻松自在。

Part 2

阳台小时光

——81 个阳台创意空间

　　阳台是室内空间的延伸，是居住者接受阳光、呼吸新鲜空气的休闲场所。随着居住品质的不断提高，人们对阳台的设计理念更趋追求舒适、安全以及实用。从晾晒、洗衣为主的传统意义上的阳台，如今已经变成了亲子游乐园、书房工作间、阳台休闲区、阳台花园、阳台厨房与餐厅、阳台收纳区等功能多样、空间变化丰富灵活的新一代个性创意阳台。

阳台 休闲区

　　一个休闲又实用的阳台充满着清新和舒适的味道，是家中一块不错的休闲区域，添上与环境相符的家具，会为阳台增色不少。窄一点的阳台，可以放上一把逍遥椅；宽一点的，可以放上漂亮的小桌椅；而大型的露台内，一把亮丽的遮阳伞是必不可少的，再摆几个别致的饰物，阳台顿时显得生动许多。

1　舒适的懒人椅营造慵懒的阳台氛围

　　对于爱宅在家里的人来说，舒舒服服地窝在家里休闲娱乐才是正道。所以，在阳台放置一款舒适无比、包容无限又易拆易洗的懒人椅，来营造慵懒舒适的阳台环境，最能表达环境的休闲意味。

◆藤制的懒人椅铺上舒适的座垫，在植物的包围中更容易使人放松。

◆阳台整体装修复古温馨，舒适的懒人椅让阳台生活更加惬意。

◆方便折叠的懒人椅，色彩鲜艳，结合舒适的地毯，整个阳台更有家的休闲味道。

◆阳台的环境十分简洁，黑色的懒人椅也不张扬，将环境衬托得更加轻盈。

2 拥有多种功能的单人躺椅

　　单人躺椅营造的是一种舒适又宁静的环境气氛，躺椅的设计符合人体工程学，可以调节的椅背也能够满足如阅读、赏景、休息等多种休闲方式。一些躺椅还加入了按摩椅的设计元素，使人们在自家阳台上就能够享受 SPA 带来的舒适。

◆休闲躺椅平放后，也可以用来做 SPA，十分实用。

◆休闲躺椅的设计遵循人体的曲线，使躺椅具有最舒适的弧度，保证其舒适性。

3 露台上的躺椅是聊天休憩的好地方

　　成双成对出现的躺椅也加入了更多的功能作用，不论是与爱人共同享受阳台景致，还是与好友闺蜜畅饮聊天，成对的躺椅都成为这些美好时光的载体。

◆露台上的一对躺椅，以金属做架铺上舒适的垫子，也方便恶劣天气露台家具的整理。

◆木质的露台躺椅与茂盛的露台植物环境有风格上的呼应。

4 吊椅能够增加阳台休闲的乐趣

阳台没有足够的空间摆放沙发、躺椅等体积较大的家具，一张吊椅，就可以使得整个阳台变得诗意起来。吊椅也是一种比较悠闲有趣的家具，晃动的椅子为环境增添了不少的乐趣。在使用时要保护好绳索，避免发生意外。

◆矮化的乔木盆栽在阳台上，使藤制的吊椅也有了树下休闲的感受。

◆吊椅与阳台的装修、家具在材质和色彩上保持统一，使阳台休闲区的整体性更强。

◆阳台的吊椅也使用了花朵来装扮，在阳台的丁香树下显得更加轻松悠闲。

5 **开放式阳台结合单人休闲椅打造一个人的专属休闲空间**

开放式的阳台环境最接近大自然，结合单人休闲桌椅，阳台便成为片刻休息的最好选择，也是独处时的最佳伴侣。没有一种家具可以像单人桌椅一样，自由彰显个人风格，为阳台带来个性和活力。

◆案几的座椅以及阳台的栏杆都是线条流畅、轻盈的金属材质，在茂盛植物的衬托下，阳台的休闲氛围更浓郁。

◆白色和绿色搭配使阳台的环境显得十分清新，作为休闲区也有着自己独特的味道。

◆双层阳台的格局使外阳台的环境更加安静舒适，通过玻璃推拉门区分空间，阳台也成为一个整体。

◆原木色彩的铺装充满了自然的气息，白色的家具和青翠的植物也使阳台环境更加轻松。

6 **封闭式阳台也可以是温暖的私人休闲区**

封闭式阳台有着室内温暖的环境，同时也有着明亮的视野和精致细腻的阳台设计景致。这样的阳台放置独特的单人椅，彰显主人惬意的生活方式。

◆造型独特的单人椅，使私人的休闲空间充满自我的个性。

◆装饰精致的小盆栽以及小巧的地灯都成为红色休闲椅的环境装饰。

7 **利用布艺、花草等增加私人休闲区的安全感**

布艺给人温馨舒适的感觉，搭配阳台的休闲椅，给人优雅的感觉，可以提升阳台的品质感。而花草本身就是装饰环境的高手，用来装饰私人休闲阳台，显得环境热闹却不喧嚣。

◆高背式单人椅被包围在植物丛中，传递出休闲、舒适的居家氛围。

◆阳台丰富的布艺织物将镂空的休闲椅也装饰出温暖感，家的味道更浓。

8 **阳台上的两人休闲区充满家的味道**

在阳台上布置两人休闲桌椅,小巧的案几、一壶茶、一本书、一个话题,环境的宁静和温馨也会让心灵变得温柔静谧,这样的阳台空间也成为和家人心灵栖息的一小块花园。在这里招待好友,温馨的环境也能让友人感受到浓浓的情谊。

◆阳台一角的休闲家具形式轻巧温暖,地毯的铺设使这个角落更加温馨。

◆现代风格的座椅,在材质轻盈窗帘的衬托下也可以具有温暖的气息。

9 **仿佛置身于大自然的两人休闲区**

开放式的阳台本身就完全处于自然环境中,阳台的环境也能够创造独立的休闲空间,在阳台上放置休闲桌椅,一边休息一边欣赏大自然的美妙。

◆开放式的阳台上放着舒适的藤椅,院外高大的树木露出茂盛的树冠,花池中丰富的小植物,都是阳台休闲近在咫尺的绿意。

10 木质桌椅使半开放式阳台成为有韵味的聚会场所

　　木质桌椅自然、美观、耐用，由于木材的导热性差，放置在半开放式阳台中在冬季也不会有冰凉感。木质给人感觉温和，软硬程度和光滑程度适中，能给人适宜的刺激，引起良好的感觉，增加阳台的韵味，进而调节人的心理健康。

◆造型别致的木质休闲桌椅，轮子的造型使休闲空间具有了动态的美感。

◆看似笨拙却很实用的木质桌椅，也是宽敞阳台上的一处艺术装饰品。

◆阳台使用了木质铺装和简单质朴的木质休闲桌椅，为阳台营造自然的大环境。

11 **开放式的阳台是轻松自然的朋友小聚空间**

　　开放式的阳台是室内和外界沟通的桥梁，人们希望在这里能与户外空间进行亲密接触。因而这样的阳台可以放置一组休闲桌椅，成为轻松自然的朋友小聚空间。防晒的问题可以通过遮阳伞和花架来解决。

◆开放式的阳台能够享受到充足的光照，一把遮阳伞就能为这休闲空间洒下一片阴凉。

◆阳台上的木质花架为阳台营造一片更舒适的休闲空间。

◆简单大方的桌椅是四人小聚的惬意空间，也可以是浪漫舒适的二人世界。

◆木质座椅在茂盛的花池旁显得更加靓丽，环境也更加轻松。

12 利用沙发打造舒适的阳台会客厅

　　一个宽敞的阳台一般都会利用丰富的植物将它设计为休闲花园，而利用长形的沙发将阳台设计为舒适的阳台会客厅，使阳台环境别具一格也不失阳台的休闲性，同时又为阳台注入了全新的功能。

◆阳台上的弧形沙发能够拉近人们之间的距离，使会客空间也变得休闲舒适。

◆ "L" 形的长沙发能够容纳多人聊天，转角的设计也能充分利用阳台的空间。

13 空间独立且具有客厅功能的休闲阳台

　　空间较为独立的封闭式阳台，作为私人休闲区未免可惜。利用简约的家具丰富阳台，将阳台设计为集休闲与会客于一体的多功能阳台，使花草成为阳台会客厅的点缀，让整个阳台环境能够充当独特又独立的休闲空间。

◆阳台的空间较大也比较独立，简单的家居和花草的设计就使阳台变成了美丽的休闲客厅。

14 环境稳定的温室休闲阳台

　　现在的人们不仅喜欢在家里享受大自然的清新，还要自己动手营造自然的生活，阳台便是一处理想的场所。封闭式阳台环境有温室的效果，用来作为花房温室有利于植物的生长，穿梭其中的休闲椅帮助主人享受自然界的美丽。

◆温室阳台的植物非常茂盛，都设计在阳台的边缘，从而使休闲区域被包围在绿意之中。

◆封闭式阳台的环境温暖稳定，放置多种盆栽装饰阳台环境，穿插其中的休闲座椅，让阳台更具休闲气息。

15 屋顶阳台也是精致的空中休闲阳台

屋顶阳台的面积一般都比较大，能够设计的休闲内容也比较多，休闲形式更是多种多样。屋顶平台的承重能力较强，可以设计多种形式的花架和遮阳的亭子，来丰富屋顶阳台的休闲环境。

◆屋顶的阳台视野开阔，玻璃栏杆的设计使空间环境气氛更具休闲性。

◆水泥型的女儿墙加篱笆的设计使屋顶阳台的安全性更好，木质和茂盛的植物搭配使用，打造阳台的乡野环境。

16 屋顶阳台的家具应具有防水的效果

屋顶的阳台多为开放式，有遮阳效果的花架等也不具备防雨的作用，整个阳台受自然环境影响较大，故而阳台的家具应选择塑料藤制或防腐木等防水材质的家具，以延长屋顶阳台家具的使用寿命。

◆塑料编织的沙发椅舒适性好，雨天更别有一番韵味，不渗水的特点也使其很容易变干。

◆仿木色彩的塑编休闲家具在露天的阳台上十分实用，组合设计也让阳台能够容纳更多人。

17 屋顶阳台的休闲区应注意防晒

屋顶阳台在没有遮挡的情况下，全天都可以接受到日照，故而防晒也是屋顶阳台需要注意的问题。一般屋顶阳台可以设计轻便的遮阳伞或者花架来营造凉爽的空间，也可以在屋顶建造一处简易的小阁楼，作为休闲纳凉的圣地。

◆屋顶的休闲空间嵌入屋顶的阁楼中，设计不同的休闲区增加阳台环境的趣味性。

◆传统伞状的遮阳伞在阳台上也具有较好的装饰效果。

◆屋顶阳台上设计的遮阳伞十分实用，正午可以遮挡骄阳，收纳起来也十分方便。

18 **狭长的阳台可以改造为飘窗**

　　有许多形状狭长的阳台改造起来难度较大，狭长的阳台一般都为封闭式，且与室内环境接触面积大，所以可以参照室内的装饰风格，设计为室内空间附属的一处休闲飘窗，可在此休憩观赏窗外的景致，也将空间的用处发挥到极致。

◆窗帘的边角料作为飘窗茶台的桌布，阳台环境的整体性更强。

◆木质铺装的飘窗，以简单的台阶作空间的区分，无腿椅的应用使飘窗的休闲性更强。

◆阳台外的景色优美，将狭长的卧室阳台打造为休闲飘窗，是室内赏景的最佳方式。

19 将阳台打造为静寂品茗的休闲茶室

阳台的特殊环境位置使其能够享受到更多的自然环境，小而独立的环境特点也比较符合茶室境小而景幽的特点。将阳台改造为品茗的茶室，使阳台的休闲特征更加明显。坐于阳台茶室，一边与友人品茗一边欣赏阳台视野的风景，身心便自然归于安宁静寂。

◇空间独立的阳台，简单大方的设计使阳台环境优雅安静，极具韵味的茶台也为空间点明了意境和用途。

◇与室内相连的开放式阳台空间，简单的茶台、座凳设计，使阳台茶座也成为室内环境的装饰。

◇阳台的环境较为开放，大量木质的使用，使阳台茶室的韵味也传递到室内环境中。

阳台 花园

身处都市中的人们可能无法拥有宽敞的大院，但有个独特的阳台用来装扮也很不错。把阳台改造成一个五脏俱全的花园其实很简单，漂亮的植物和亲近自然的铁艺家具不论怎样搭配都别有韵味，还可以根据植物的不同特点选择适当的花盆形式。让阳台变成可观的花园，然后冲一壶茶或咖啡，听着音乐，拿一本书，很是美妙。

20 旧物改造打造个性小花盆

对于喜爱花草的人们来说，为植物搭配合适的花盆也需要一大笔开支。但是在生活中有许多被我们忽视的"垃圾"，经过简单的加工就能够成为活泼有趣的小花盆，发挥自己的想象，就能让旧物变为阳台小植物的新装。

◆废弃的小木桶，将一侧挖去 1/4，在下边做成固定的架子，便成为仙客来的自然花盆。

◆草编的篮子材质较松，在生活中没有什么使用价值，但作为简易花盆的外衣却别有风味。

21 同种植物的多色混合使盆花变得更加细腻精致

每种植物都会有许多不同的花色，同种植物将不同花色的植物混合栽植的好处是：同种植物的生长习性一致，便于管理；其次同样的姿态有不同的色彩形成对比，使植物的美感更加细腻。

◆白色和红色的玫瑰花组合使用，花盆中的白玫瑰更淡雅，红玫瑰更娇艳。

◆菊花的色彩非常丰富，黄色、玫红、大红的组合栽植，使花箱植物更加层次分明、鲜艳。

22 不同植物的色彩搭配丰富阳台的整体层次

不同的植物在色彩搭配上更注重整体的层次效果，不同植物的株型、叶形、花色均有差异，而阳台的空间有限，不同的植物经过巧妙的搭配应用，能使其特征有层次地展现在阳台环境中。

◆不同色彩的植物装饰了阳台栏杆，色彩鲜艳的花盆也成为阳台栏杆上的亮点。

◆红色和绿色是自然界最鲜艳的色彩，二者组合使用使阳台植物的层次更明显。

23 阳台植物搭配要注意利用植物本身的生长高度

　　阳台的环境有限，为了能够欣赏到更多的植物，就要利用好不同植物的高度特点，使不同植物的特点立体地展示在阳台中。整体的植物布置可分三个梯度进行，梯度过多，会使阳台显得更加拥挤。栽植时应将较高的植物种植在阳台外侧，或利用植物的攀爬性使其攀附在墙面上。

◆使用花箱栽植的阳台以草花植物为主，使用了蔓性较强的植物来装饰阳台的墙面。

◆竖向铺装的狭长阳台，长势茂盛的植物使阳台小径更具乡野气息。

◆阳台上丰富的植物种类，草花装饰下层空间，灌木类植物装饰了阳台的中上部空间。

24 在墙面上装饰花草能够节省阳台空间

　　立体绿化也是阳台花园的一个重要装饰形式，立体绿化是将平地上的花园转移到了墙面，这样将花园装饰在墙面的形式能够为阳台节省出不少的空间，而且具有很强的装饰性。

◆阳台的墙面做了一架木花格篱笆，成为悬挂式盆栽的载体。

◆一些特殊的花盆可以通过手柄，直接固定在有缝隙的墙面上，装饰组合形式也十分随意。

◆阳台的墙面上嵌入不同层次的木板，用来放置盆栽作为装饰。

◆将植物都装饰在阳台的墙面，最大限度地利用阳台的空间，也使阳台环境变得丰富。

25 多种多样的墙面花草装饰形式

　　墙面花草的装饰形式有很多，针对不同形状的花盆也有相应的墙面花架。最常见的是在墙面固定木板，这样的形式能够适合所有的花盆，也有花盆本身带有挂钩能够悬挂在墙面。对于具有攀援性的植物，可以自己在墙面上攀援生长。

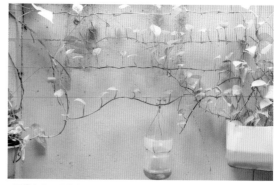

◆绿萝本身不具备攀爬性，借助墙面的金属丝也可以用来装饰墙面。

◆墙面固定的白色木板可以用来放置盆栽，在环境中也十分低调。

◆本身带有挂钩的花盆用来装饰墙面空间，移动起来也很方便。

◆墙面的金属花架造型十分简单，用来支撑花盆不会喧宾夺主。

26 **栏杆是阳台立面花草装饰的载体**

　　阳台本身的一些设施也能够成为阳台立面装饰的载体，栏杆就是最常见的载体。金属材质的栏杆比较结实，本身也具有一些装饰性，在其上设计与之相适应的金属花架，就能够与植物盆栽完美地融合。

✦具有丰富花纹的金属栏杆，用来固定花架十分方便，挂在外侧的花盆也节省了阳台空间。　✦黑色的阳台栏杆悬挂着黑色的花架，不会影响天竺葵盆栽的美感。

27 **丰富的植物形成天然的阳台栏杆**

　　阳台栏杆从上到下都能够装饰植物，栏杆脚下可以放置盆栽，栏杆上可以悬挂小花架，一些攀援性植物可以顺着栏杆攀爬，蔓性植物下垂的枝叶也可以遮挡住栏杆的形态。经过植物的装扮，阳台也能够具有植物做成的栏杆了。

✦栏杆的上下部空间都装饰了植物，植物丰富的枝叶将栏杆完全包围，形成绿意盎然的阳台栏杆。

28 栏杆与植物的色彩形成反差，突出植物的特点

　　阳台的栏杆往往也是阳台的一大装饰要素，栏杆的材质、色彩与阳台整体的装修也是相得益彰的。而要在栏杆上装饰植物，也要考虑植物本身的形态与栏杆的搭配效果，具有明显反差的色彩能够使阳台环境更加立体，也能够衬托出植物本身的特点。

◆白色的栏杆与色彩鲜艳的花盆植物形成明显的对比，植物显得更有生机。

◆金属材质的栏杆线条精细流畅，其上装饰的植物仿佛是腾空一般。

◆建筑墙面的红色使白色的阳台十分显眼，阳台上红色系的花朵成为建筑色彩的过渡。

◆鹅黄色的阳台石材搭配翠绿的植物，营造清新的环境风格。

29 悬在空中的立体花园

悬挂式的盆栽是阳台立体花园的重要形式，悬挂在空中的盆栽也不会影响中下层阳台的使用。悬挂的盆栽最好选择枝叶能够下垂的植物，使其枝叶从空中展开，充分展示其特点。

◆阳台的植物都采用青翠的绿色植物，用悬挂的方式使阳台的中层空间也有了绿色。

◆利用悬挂的花盆在阳台上打造空中花园，也不会影响地面环境的使用。

30 利用植物的不同栽种特征营造立体花园

一般来说，高大的植物根系也比较深，而一二年生的草花类植物根系较浅。根据植物的这些栽种特征，合理地利用阳台花箱中的土壤，栽种不同生长特征的植物，也能够丰富阳台的中上部空间。

◆阳台采用两个花箱作为栽种池，小乔木利用花箱的下层土壤，而栽种的草花类则利用花箱的上层土壤。

31 阳台设计花池装饰墙角

　　开放式的阳台设计的花池一般都在墙角处，主要原因是墙角靠近承重墙，承重力较强。这些花池顺着墙角将阳台包围其中，同时也使阳台的墙角过渡自然，柔化了阳台的棱角。

◆开放的露台沿着墙角的承重墙设计花池，也使阳台环境变得有层次。

◆阳台墙角的花池由风格古朴的花箱组合而成，栽种青翠的植物装饰阳台环境。

◆屋顶花园的花池靠近建筑的承重墙，边缘栽植让环境被绿色的植物包围。

◆墙角的花池使用天然石围合而成，多样化的植物使阳台一角成为浓缩的花园。

32 干净又灵活的花箱栽植适合阳台的特点

　　花箱也是阳台花园必不可少的栽植容器，花箱可以同时栽种多种植物，且集中栽植也节省了阳台的空间。花箱环保的材质打理起来也十分简单。花箱体积较大，故而在箱底都会配上万向轮，方便花箱的移动。

◆半开放式的阳台使用黑色塑料材质的花箱栽种植物，与阳台的木质铺装也十分贴合。

◆砖红色的花箱下有托盘，可以防止多余的水分弄脏阳台。抬高的设计也方便花箱下空间的打扫。

33 简单方便的盆花点缀阳台环境

简单大方的盆花在阳台环境中常有画龙点睛的作用，而且在阳台大环境的衬托下，盆花的姿态更容易引人注目，也常常成为阳台环境中的焦点。

◆阳台的环境十分整洁，一盆干净利索的盆栽增加了环境的生气，也不会破坏阳台安静的气氛。

◆地面的鹅卵石、树桩造型的花台以及茂盛的小盆栽，墙角的小空间也设计得十分精致。

34 盆花组合摆放在阳台形成迷你型的花园

盆花的组合摆放很容易形成景观，在空间有限的阳台环境中，小盆花的组合应用也容易形成小花园的景象。

◆风格质朴的花盆本身就是一件艺术品，组合盆栽的设计又使环境多了几分清新。

◆红阳台上高低错落的盆栽使植物的层次更加明显，小小的阳台也有自然花园的味道。

35 阳台设计精致且内容丰富的山水景致

在阳台有限的空间内也可以容纳内容丰富的山水景致，开辟一小块水池，在其中放置怪石充当假山，再利用形象的人物小品或者精致的小桥点缀整体的意境，这样在阳台上就可以欣赏到乡野山水的风景了。

◆面砖铺装的蓄水池，经过自然山石、人物景致的装饰，也有了自然山水的野趣。

◆阳台的小水景设计得十分细致，石材的设计和植物的搭配都符合阳台茶座的意境。

◆阳台一角的水塘形式简约，大量鹅卵石的应用也使景致不乏自然特色。

◆以石材为主体设计的阳台山水风景，一座小桥使景致也有了人文气息。

36 小巧的水景装点阳台环境

　　水景是花园景致的灵魂，阳台上小巧的水景可以隐藏在花草中也可以是单独的一处跌水。这样的一处小水景装饰，既点缀了环境的意境也增加了阳台的趣味性。

◆阳台水景的出水口隐藏在花丛中，下方的蓄水池可以用来栽植水生植物。

◆精致小巧的跌水在阳台的小植物丛中显得高大起来，细小的水流也十分容易操控。

◆层次分明的跌水以独特的出水方式，使粗犷的陶罐变得细腻、温暖。

◆跌水每一层的蓄水池都可以栽种植物，在透彻水流的衬托下，植物显得更加翠绿。

③⑦ 将花园搬到屋顶的阳台

　　屋顶的阳台有足够的空间能够装扮成花园，而屋顶花园的素材也不仅仅是需要植物，一些水景、小品装饰以及铺装形成的花纹都能够成为屋顶花园的一部分，在花园中也可以搭建一座休憩的小亭，使屋顶花园更具休闲气息。

◆屋顶的空间面积大，以大型的盆栽装饰花园不会显得过于繁杂。

◆不同类型的盆栽组合也能够形成壮丽的花园景象。

◆鲜艳的植物和水景、小品等配合起来，整个屋顶花园的景色更加丰富。

◆屋顶花园的植物设计趋向边缘化，边缘的植物也能起到一定的保护作用，留出中间的空地作为休闲区。

书房 工作间

　　阳台上的阳光就算是一点儿也格外灿烂，因此许多人愿意把书房工作间搬到阳台上。阳台一般都挨着客厅或者卧室等空间，设计为书房工作间很好地利用了空间的组合，又满足了晒太阳的生活需要。有这样的书房每天都可以晒到太阳，又可以在阳光下工作、上网、玩游戏，很是惬意。这样的书房除了可以读书还可以小憩，实用性比较强。

38 将阳台打造为独立的书房

　　独立的书房相对于其他空间比较安静，不受其他环境的干扰，一般没有过多的功能。将阳台设计为独立的书房，使阳台具备完整的书房功能，也将阳台的环境特点完全融入独立书房中，让独立书房不再沉闷。

◆弧形的阳台增加了独立书房的线条感，窗台的设计也增加了书房的使用面积。

◆落地窗使窗外的景致进入了书房，同时又保证了书房的独立性。

39 阳台通透的环境提高了书房的自然亮度

阳台都拥有大面积的窗户来接受阳光的照射，阳台书房也能够得益于这些明亮的窗户。书房本身就需要足够的光线，而透过窗户这些自然光线使书房的环境变得更加舒适。

◆大面积的玻璃窗配合室内点缀的射灯，书房的环境变得十分透亮。

◆推拉式的玻璃窗具有较好的灵活性，可以方便室内通风换气，使环境变得透明，又能保证室内环境不受外界影响。

40 利用窗帘来调节阳台书房的光线

阳台的光线在夏季和正午时变得比较强烈，在阳台上安装窗帘能够调节阳台书房的光线。纱帘能够使光线变得柔和，而厚重的布帘能够阻挡大部分光线，也能够增加阳台书房的私密性。所以纱帘和布帘的结合是实用的阳台窗帘形式。

◆白色的纱帘有较好的装饰性，也让书房的光线变得更加柔和舒适。

◆深色的窗帘与室内座椅、抱枕等使用相同的材质，增加明亮书房的沉稳感。

41 阳台书房应调整好书桌与窗户的角度

阳台书房的书桌摆放位置也大有学问，总的原则是：人在伏案工作时视线要与自然光线相对或者垂直。所以阳台书房的书桌方向与阳台朝向相同或者与阳台朝向垂直摆放，保证人在工作时光线不被自己阻挡。

◆木质书桌靠墙摆放节省书房的空间，增加角落休闲的空间。

◆书桌的摆放利用了书架和窗户的夹角，书桌靠近窗户，能够享受更多的阳光。

◆书桌背向阳台朝向，保证人们在伏案工作时抬头就能够看到窗外的景致。

◆空间较大的阳台书房，将书桌放在阳台中间，减少阳台的空旷感，也使精美的书桌成为环境焦点。

42 双层阳台改造成具有休闲性的书房

具有里外之分的双层阳台设计为书房是既实用又舒适的做法，一般是将内阳台作为书房，而外阳台则成为书房附属的休闲空间。这样的设计使阳台的区域划分更加明确，书房具有自己的休闲空间，独立性也更强。

◆封闭式阳台外还有一处露台，将阳台设计为书房，露台空间也可以为书房服务。

◆双层阳台也是一个抬起式阳台，里阳台作为书房工作间，外阳台作为休闲区域，开放的格局也保证了空间的整体性。

43 阳台角落改造的迷你书房

一些阳台会有个凹位，这个常被忽略的角落可以嵌入书桌，在书桌的顶上做上兼具展示、收纳为一体的书架或收纳柜，这样就在阳台上形成了一处迷你型的书房，也为阳台节省了不少空间。

◆阳台的凹位摆放简单的书桌，上方有层次的置物架则成为小书房的绿化装饰空间。

◆卡在凹位的白色书桌与墙面融为一体，镶嵌在墙内的凹槽则成为小书房的藏书架。

44 卧室阳台也可以是简单安静的工作间

卧室是人们休息的空间，在卧室中设计工作台会破坏卧室环境的完整性，可以将这样的工作台转移到卧室的阳台上，整体环境的安逸也会使卧室阳台的工作环境变得安静舒适。

◆卧室的阳台是开放式，能够欣赏到庭院内的景色，是卧室内良好的工作区。

◆封闭式的卧室阳台，环境温暖，窗外的景色也宜人，在此安静地上网、工作都十分惬意。

45 将阅读区安置在露台上

露台开放的环境容易使人身心放松，将阅读区安置在露台上，整个环境不需要过多的家具、花草装饰就能展现出阅读的气氛。而且露台开阔的视野也有助于阅读思维的发散。

◆露台整体采用木质装修，角落有丛生的花草，整个环境十分适合阅读。

◆舒适的藤制座椅使简单的露台环境变得更加轻松，一边品茶一边阅读也是惬意的享受。

46 休闲阅读两不误的阳台空间

阳台本就是用来休息的空间，而将休闲与阅读结合的阳台更是有着无限的魅力。休闲与阅读都需要一个心旷神怡的环境，兼具这两个功能的阳台也不会有风格的冲突。

◆休闲榻榻米轻松随意的环境伴随着烛台、台灯等装饰，使榻榻米也成为舒适的阅读区。

◆半开放的阳台是休闲品茶的好地方，作为阅读、工作的空间也别具韵味。

◆藤制家具的休闲特征明显，在此阅读也能得到更好的放松。

◆在洒满阳光的阳台上，一边品酒一边阅读，品尝阳台慢生活，享尽阅读好时光。

47 书架使阳台阅读的氛围更加浓郁

　　休闲特点明显的阳台阅读区也许难以让人进入阅读状态，这时只要在阳台角落设计一处书架，就能够增添阳台环境的阅读氛围。阳台的书架也可以充当展示柜使用。有了书架的衬托，阳台环境的阅读气氛自然更加浓郁。

◆镶嵌入阳台的书架在射灯的装饰下本身也有了艺术气息，浅色调的装修使阅读环境更加静谧。

◆阳台书架的形式简单，下方的收纳柜也成为书架的一部分，整体简单的设计将阳台榻榻米变为舒适的阅读空间。

◆阳台的一整面墙都嵌入了书架，而书架也具备了展示和收纳的功能，将书房环境营造得更加舒适。

48 灵活慵懒的家具使阳台阅读更加轻松

当阅读也成为居家休闲的一种方式，那么各式慵懒舒适的家具用品也能够更好地为阳台阅读服务。舒适的座椅使人的身体放松，整个阅读环境自然也更加轻松自在。

◆小熊造型的懒人椅既是环境的装饰又是阳台的座椅，作为阅读区的家具使阅读变得更加轻松。

◆将休闲躺椅作为阳台阅读的家具，结合精致的吊灯，使阳台阅读区更加独立完整。

49 小巧的盆栽使阳台环境趋于自然，更适合阅读

阳台的景致有远有近，近景自然需要自己动手来打造。阳台使用小型的盆栽来装饰小环境是巧妙又温馨的手法，这样的环境充满了家的意境和自然的味道，也更适合用作阅读区。

◆阳台角落使用白色的花架来装饰环境，使阅读环境更加清新。

◆小型的盆栽使作为书房的阳台环境变得更温馨。

50 阳台充当练习乐器的场所

　　空间较大的阳台铺装整齐，独立的空间有舞台的效果，可以充当练习演奏乐器的区域。在阳台上练习乐器，窗外美景尽收眼中。充足的光线洒在乐器上，唯美优雅。通过帘子或者推拉门与其他空间隔开，练习的场地也有了神秘的效果。

◆将钢琴放在阳台的角落，练琴的闲暇还可以在阳台上休息调整自己。

◆阳台改造为富有个性的音乐房，成为练习架子鼓、吉他等乐器的独立空间。

◆在阳台一角放置架子鼓和乐谱架，作为练习区，为阳台注入新的功能。

51 幽静的环境使阳台也适合用作画室

　　阳台环境比较安静，且光线好，用来作画室也是不错的选择。阳台只需留出空地摆上画架，便能够满足作画的需求。阳台外的景致丰富，在此临摹也能收获独特的窗外景致。

◆卧室的阳台环境十分优雅，能够让人安心地在此作画。

◆休闲特征明显的阳台，摆上画架就成为临摹窗外景致的好地方。

52 阳台具有独特的视野可以充当天文爱好者的工作间

　　不论是封闭式阳台还是开放式阳台都具有开阔的视野，因此在阳台放置一架天文望远镜，阳台就成为天文爱好者观星赏月的工作间。不同朝向的阳台在夜晚能够看到不同的星空景象，在不同的阳台观赏天文景象也会有不同的收获。

◆在视野开阔的阳台上摆上一架天文望远镜，阳台便成为主人修身养性、闲暇娱乐的好地方。可爱的小马驹座椅，让阳台的气氛更加轻松。

阳台 厨房与餐区

将阳台改造成厨房和餐区是许多人想都不敢想的事情，但是改造后的阳台厨房确实让人更爱这个环境。阳台厨房的改造要考虑承重、燃气、电源和上、下水的条件，但是阳台餐区，只需要将餐桌椅放置在温暖宽敞的阳台环境中，就大功告成了。将阳台改造为厨房和餐区，增添了家庭生活的乐趣，让人更爱家的味道。

53 阳台明亮的光线使厨房环境变得清新

传统意义上的厨房总会给人沉闷的感觉，而利用阳台明亮的大窗户作为阳台厨房的光源，整个厨房环境都变得明亮清新，拥有这样的厨房，下厨也变得美妙。

◆橱柜的表面材质亮度高，在自然光线的照射下整个环境更加明亮。

◆阳台厨房大面积的操作台也可以充当展示台，花草或艺术品的装扮都为环境增色不少。

54 利用整体橱柜打造独立的阳台厨房

阳台可以通过安装整体橱柜，将其变为独立的厨房。整体橱柜可以根据阳台空间结构进行整体设计，最后形成独特的适合阳台空间的成套用品，实现阳台厨房每一道操作程序的整体协调，并营造出良好的家庭氛围和浓厚的生活气息。

◆橘色的阳台铺装与自然的木质橱柜相得益彰，阳台厨房的功能齐全，环境也怡人。

◆推拉门使阳台厨房变得更加独立，厨房环境也显得更加完整。

◆通过整体橱柜简单的色彩对比，阳台厨房的层次感更加明显。

55 **带有吧台的阳台厨房**

阳台厨房还可以设计一处优雅的小吧台，来增添厨房生活的乐趣。这样的小吧台往往与厨房的洗漱台或操作台连在一起，既有辅助操作台的功能，同时也是三两个好友小憩的场所。

◆阳台中间设计的小吧台，成为厨房中优雅的休闲小空间。

◆与流理台结合在一起的小吧台，也可以辅助流理台的一些功能。

56 **宽敞的阳台厨房也可以放置餐桌**

拥有足够面积的阳台厨房也可以将餐桌容纳进来，这样的餐桌一般放在阳台厨房的中心位置，离操作台较近，有临时置物的功能。

◆阳台厨房的餐桌下设计有柜子和抽屉，可以用来收纳，节省厨房空间。

◆阳台厨房的餐桌与厨房装修风格一致，一体化的设计增加了厨房的温馨感。

57 阳台厨房可以增加阳台的储物功能

　　阳台厨房一般都会设计较多的橱柜，但厨房的用具也不会让这些橱柜全部塞满，可以将这些柜子加以划分，集中整理出的柜子就是阳台厨房能够收纳其他物品的空间了。

◆阳台有窗户的墙面也装上了吊柜，阳台厨房的储物空间变得更大。

◆简易的阳台厨房在吊柜与低柜之间又增加了一层置物架，最大限度地发挥阳台的储物功能。

◆在抽油烟机上方的墙面上设计了储物柜，这些橱柜柜门的花纹使阳台的层次感更强。

58 阳台厨房中不同功能区的布置应注意与窗户的位置关系

阳台窗户位置的墙壁承重能力较差，故阳台厨房的抽油烟机应安装在侧面的实体墙面上，承重力不够时应安装支架。壁橱等也应安装在实体墙面上。窗户位置光线比较好，可以设计为流理台区域。

◆流理台区的环境较好，抬头便能看到窗外的风景。

◆厨房白色的开放式置物架设计在实体墙面上，不会阻挡阳台的光线，也保证了置物架的稳定性。

◆阳台抽油烟机位置考虑到承重和风向的问题，将其设计在窗户侧面的实体墙面上。

59 布艺窗帘使阳台就餐区更加温暖

　　将就餐区转移到阳台上，本身为就餐环境增加更多浪漫的气息。而阳台上的布艺窗帘色彩鲜艳、款式多变，有着丰富多彩的装饰效果，又为阳台就餐区带来了更加温暖的环境感受。

◆鹅黄色的阳台窗帘设计有帷幔，增加了阳台就餐区的安全感和舒适感。

◆深红色的阳台窗帘与阳台就餐区的木制家具相呼应，彰显奢华的就餐环境。

◆深色的纱帘能够迎合阳台的中式风格，在光线的照射下也显得十分轻盈。

60 阳台的木制桌椅使就餐区也具有了茶座的功能

木制桌椅以它环保自然的特点迎合阳台就餐区轻松的氛围。木质桌椅的造型往往自然质朴，能传递出浓浓的茶韵，故而实木桌椅装扮的阳台餐区，闲暇之时也是休闲的茶座空间。

◆木制家具最能体现茶座的意境，墙面装饰的中国画，让餐厅更具茶座的气氛。

◆简单原始的木制长凳搭配细腻的茶壶，在柔和的灯光下，茶的韵味更加浓郁。

61 开放式的阳台就餐区也可以充满休闲气氛

开放式的阳台作为就餐区不会过于开敞也不会显得郁闭，使用具有休闲特征的餐桌椅，将就餐休闲融为一体，而餐桌可以当作休闲的家具使用，阳台的功能因此更加丰富。

◆阳台的环境明亮，木制座椅放上舒服的靠垫，餐厅也具有了休闲功能。

◆阳台就餐区的环境十分丰富，眺望的景色十分壮观，茶余饭后在此休闲也别有风味。

62 **轻便的餐桌椅不会影响阳台就餐区发挥其他的功能**

宽敞的阳台单作为就餐区未免奢侈，为了不影响阳台其他功能的发挥，阳台餐桌椅也可以选择轻便结实的合金材质，使餐桌椅移动、收纳或展开都十分方便。

◆简洁的餐桌椅在风格上与阳台简单明了的装修风格一致。

◆转角式的阳台有大面积的休闲空间，轻便的餐桌椅可以随意转移到合适的就餐区域。

63　利用阳台承重墙打造独立的阳台就餐区

　　悬挑式阳台的承重墙不能随意更改，承重墙将阳台与室内环境分隔开来，使阳台的空间更为独立。利用这样的阳台特点将阳台改造为独立的阳台就餐区，环境安静，视野开阔，营造更加惬意独特的就餐环境。

◆阳台的承重墙将阳台就餐区与室内环境隔离开来，白色的墙面存在感弱，不会使就餐区有压抑感。

◆经过承重墙分隔的阳台就餐区空间较小，在墙面设计大的镜面，增加了阳台就餐区的空间感。

64　利用隔断使阳台就餐区独立且美观

　　嵌入式的阳台若要打造独立的阳台就餐区，可以借助隔断来实现。隔断的形式多种多样，不同的隔断能满足不同风格的阳台就餐区。隔断上的装饰也是阳台就餐区景致的一部分，利用展示柜作为隔断能够使阳台就餐区更有韵味。

◆阳台就餐区周围使用不同的形式使空间独立，不论是展示架和轻质隔断还是玻璃封的落地窗，都具有较好的装饰效果。

◆镂空的展示架作为隔断使阳台就餐区与室内环境有明显的区分，在视线上也能达到统一。

65 弧形阳台使就餐区的环境更加柔和

弧形阳台本身就有柔和的曲线，造型上有更大面积的采光让人更舒适。在弧形的阳台上设计就餐区，将自然美丽的景色和建筑柔和的线条都融入就餐环境，整个环境更有家庭爱的味道。

◆弧形阳台装修为红色的阳台就餐区，借助明亮的光线，显得十分活泼。

◆弧形阳台设计了多面窗户，使每一个窗子都形成了一处独特的框景。

◆将就餐区设计在弧形的阳台上，圆形的餐桌线条与阳台边缘平行，有效地利用了阳台空间。

66 建筑转角处的阳台光线明亮、视野开阔，也适合设计为就餐区

建筑物转角处的阳台能够享受到两个朝向的光线，视线的角度也更宽。在这样的阳台上加入就餐功能，能够彰显业主独特的生活品位。这样的就餐区也可以附加其他的功能，使阳台环境更加完善，空间线条也更加流畅。

◆两面窗户展示了两个方向上的景色，使就餐成为更加舒适的享受。

◆风格复古的阳台就餐区，使用同风格的窗帘使阳台的风格更加完整。

◆阳台就餐区窗户的设计十分巧妙，直线条增加了阳台的空间感，也使阳台享受到更多的阳光。

◆大面积的玻璃窗户能够增加落地窗的安全感，也方便打开窗户进行通风换气。

67 **具有野餐味道的露台就餐区**

　　洒满阳光的露台就餐区完全暴露在大自然之中，与露台植物、阳光相伴，仿佛是在自然原野之中就餐，而桌椅更让这份自然野趣多了几分舒适。露台的面积一般都较大，就餐区也不会与其他区域产生冲突。

◆丰富茂盛的露台植物仿佛让就餐区隐蔽在原始自然的丛林之中。

◆阳台的花池将阳台就餐区包围在一片自然风景之中。

◆阳台使用了木质隔断和木制家具，在石材铺装的地面衬托下仿佛回到了乡野之中。

◆被树冠包围的露台是处在大自然绿色中的清新就餐区。

68 屋顶的大空间使就餐区能够加入更多的功能

屋顶的大空间更能发挥人们的想象力，除了就餐还可以将简易的厨房、休闲亭子等也搬到这里。这些区域相辅相成，使屋顶的生活更加自然惬意，而整个屋顶也成为家居生活之外另一处纯自然的生活空间。

◆宽敞的屋顶设计为集休息、烧烤、用餐一体化的休闲娱乐空间，合理地利用了屋顶空间。

◆屋顶全天都能享受到阳光，简单的餐桌椅在阳光下也变得细腻精致。

69 阳台作为就餐区，其装饰应与室内环境保持统一

与室内联系紧密的阳台设计为半开放式的就餐区，其装饰也应与室内的装饰有风格上的呼应，或保持一致，以保证整体家居空间的完整性，同时也不会使阳台就餐区过于突兀。

◆红白相间的就餐区装饰，使环境显得十分活泼，水果图案的地毯使就餐氛围更加轻松。

◆阳台就餐区的布艺装饰以及桌椅的色彩与室内暗黄色的无纺布壁纸相得益彰。

70 植物的加入使阳台就餐区的气氛更加温馨自然

植物对于阳台就餐区来讲，是借景抒情的好手段，也是阳台就餐区营造自然舒适氛围的重要途径。在阳台的角落等有棱角的地方摆放植物，墙面或者顶面可以装饰藤蔓类植物，为硬质的阳台装修增添柔和舒缓的大自然气息。

◆阳台的花盆都装上了万向轮，使花盆能够随意移动，形成不同的装饰效果。

◆阳台就餐区的花草使用多种装饰形式，使阳台就餐区的田园气息更加浓郁。

◆开放式阳台本身就有丰富的花草装饰，院外的景致也能借来欣赏，就餐氛围更加轻松。

亲子 游乐园

爱玩是孩子的天性，因此，在家中专门开辟出一块空间作为游乐园必不可少，也是和孩子共度亲子时光的最佳场所。阳台光线充足，环境好，是一处合适的亲子场所。阳台的环境也比较适合改造为不同的游戏场景，选择面积较大的阳台，能够使孩子放开手脚玩耍。

71 阳台是自然又安全的儿童玩乐场所

阳台是家居生活中的休闲空间，是室内与室外环境的过渡空间，将其设计为儿童玩乐场所，在环境上比其他区域有优势。安全对这一区域的要求是最重要的，阳台最好进行封闭，也使任何时间阳台游乐园都能够发挥作用。

◆儿童的玩具色彩都较显眼，在娱乐的同时也能够帮助孩子辨别色彩。

◆清新的阳台环境更适合亲子活动，当然摆放家具的时候也要记得放置一些轻便可爱的儿童桌椅。

71 寓教于乐的阳台亲子乐园

　　舒适的地毯是游戏区必不可少的，而且地毯上丰富的色彩和图案也是激发孩子想象力的好帮手。游戏区内也一定要有专门的玩具收纳箱，要让孩子从小就养成自己收拾玩具的好习惯。

◆舒适的地毯上印着鲜艳的字母，玩乐的场地也是学习的空间。

◆阳台的周围有收纳玩具用品的区域，中间的地毯保护儿童不会摔伤，迷宫图案也能够开发孩子的思维。

73 秋千使阳台亲子乐园更具趣味性

活泼爱动是每个孩子的天性，阳台上的一处小秋千就是孩子不错的运动设施。在父母的帮助下利用秋千可以锻炼他们的身体协调能力。而安全系数较高的秋千也能够让亲子乐园更具趣味性。

◆一楼的阳台与小花园连在一起，秋千可以移至阳光下，阳台亲子乐园的空间变大了。

◆设计简单的阳台上，有一处小秋千就能够陪伴孩子度过美妙的亲子时光。

74 阳台的木质铺装保证亲子乐园的安全性

阳台亲子乐园的安全性是最重要的，木质铺装的阳台地面能够调节地面温度，木质的色彩也是最能够让眼睛舒服的材质，而且木材质的软硬适中，能够避免儿童摔伤的危险，故而使用木质铺装能够保证阳台亲子乐园地面的安全。

◆木质铺装的阳台干净整洁，空间也较独立，在此娱乐、学习都是惬意的事情。

◆木质铺装的阳台安全系数高，但有棱角的台阶和书架，不适合作为低龄儿童的游乐园。

75 阳台亲子乐园的软装应简单舒适

舒适的垫子、地毯等能够保证孩子不会摔伤，但是阳台亲子乐园内的这些软装不应过于复杂，因为孩子放开手脚玩乐之后，往往会把地板、靠垫、窗帘等弄脏，易于清洗和更换是很有必要的。

◆红色的地毯规划出一片亲子小空间，桌椅下的玩具收纳箱帮助孩子养成良好的整理习惯。

◆阳台的长椅也裹上了棉垫，儿童不易发生磕伤。

◆毛茸茸的小地毯十分舒适，清洗起来也比较方便。

◆厚实的地毯使面砖铺装的阳台地面不冰凉，深色也比较耐脏。

阳台 收纳

　　阳台可以说是家中最容易聚集杂物的空间了。头顶上满眼的彩旗飘飘、角落里积灰的瓶瓶罐罐、散落在窗台上的晾衣架，有时候想要眺望一下窗外的风景，却被阳台内的杂乱无章搞得毫无心情。你是否也有这样的烦恼呢？但是如果方法得当，就可以巧妙地实现阳台收纳最大化，节省空间的同时你会发现，时间也轻松地省下了不少。

76 阳台放置灵活的矮柜作为收纳

　　矮柜的造型小巧，移动起来也比较方便，可以利用阳台的一角放置矮柜，建造一个储物区。这样的储物角落既能够节省空间，又能够将阳台上的杂物收纳起来，还阳台一个整洁的空间。小巧的矮柜也可以配上架子，使其装饰效果更强。

77 布艺拉帘做阳台收纳的柜门具有装饰效果

　　阳台的收纳柜也不一定是完整的柜子，利用阳台窗户突出的窗台，可将窗台下方的空间设计为收纳区。而收纳柜的柜门则由风格自然的布艺拉帘代替，这样的阳台收纳柜十分实用，且布艺也能够适应不同的阳台风格。

◆矮柜配上精致的金属架子，方便阳台地面的清理。矮柜上的小台面也是装饰环境的大空间。

◆布艺拉帘的风格与阳台的植物装饰相得益彰，整个阳台充满了自然的气息。

78 **高立柜作阳台收纳，充分利用阳台的空间**

　　对于小户型的阳台，收纳面积狭小，可以利用高立柜作阳台收纳。高立柜设计上下皆可使用，最大面积地利用了阳台，但是阳台为外延空间，在承重上有限度，不可放太多杂物，以免造成墙体开裂。

◆白色的立柜分为三层，可以用来进行分类收纳。

◆阳台的装饰色彩较暗，放置的立柜色彩明亮有光泽，使阳台的环境更加明亮。

79 **吊柜和低柜在阳台的组合应用**

　　吊柜的使用能够充分利用阳台上部的收纳空间，与之搭配相对应的低柜又充分利用了阳台下部的收纳空间，上下柜体中间的区域有低柜的台面，可以用作阳台的展示空间。这样的组合既增加了阳台的收纳功能，也使阳台更加美观。

◆吊柜设计在实体墙面上，低柜的台面较长，二者组合形成阳台独特的环境，收纳空间也较多。

80 **带有置物架的阳台收纳柜丰富了阳台墙面**

带有置物架的收纳柜有收纳功能也有展示功能，这样的柜子也可以将阳台收纳分为不同的收纳区域，增加了阳台墙面的动线趣味。

◆立柜和置物架的区分也是阳台不同区域的界限划分。

◆立柜和植物架看似分离，却用同样的材质表示空间的整体性。

81 **简洁时尚的阳台壁柜收纳**

壁柜是与墙壁结合而成的落地贮藏空间，有镶嵌在墙壁内的视觉特点，其表面造型简洁、典雅、时尚，也是实用的阳台收纳装饰元素。阳台壁柜的安装减少了阳台家具的棱角，整个环境显得更加独立。

◆白色的壁柜门延续了阳台顶面的装饰，与阳台的木质地板装饰也有风格上的呼应。

◆镶嵌在阳台墙面的壁柜几乎与阳台环境融合，连精致的金属把手也成了阳台墙面的装饰。

Part 3

阳台小植物

——50 种易活阳台花草

　　装饰阳台，很多人喜欢种植花草树木，或是利用各种小植物来营造景观，使阳台成为一个可供家人休闲小憩的小花园。但是怎样有针对性地选择植物却是一个令人头疼的问题。什么样的植物不用经常打理？哪些植物喜欢阳光？哪些植物能使阳台变得清香？哪些植物既能观赏又能成为菜肴呢？

懒人 花草

懒人花草是指那些在生长过程中对水肥需求量少，不需要经常浇水、施肥，也不需要进行整形修剪等特殊管理的花草植物，人们不必在它们身上花费太多的管理时间，它也能生长得很健壮。

① 鸢尾 /Iris：多年生宿根草本植物

鸢尾是宿根直立草本，适宜阳光充足、气候凉爽的环境，耐寒性较强，亦耐半阴环境，要求适度湿润、排水良好、富含腐殖质、略带碱性的土壤。鸢尾叶片碧绿青翠，花形大而奇，是阳台中的重要花卉之一，也是优美的盆花、切花和花坛用花。可用作地被植物，有些种类也是优良的鲜切花材料。

生长月份表 / 月											
1	2	3	4	5	6	7	8	9	10	11	12

播种期
花期
果期

Tips

☆鸢尾花因花瓣形如鸢鸟尾巴而称之，其属名 iris 为希腊语 "彩虹" 之意，喻指花色丰富。

☆鸢尾花在中国常用以象征爱情和友谊，鹏程万里，前途无量。欧洲人爱种鸢尾花，认为它象征光明和自由。在古代埃及，鸢尾花是力量与雄辩的象征。

☆鸢尾花卉除作为花卉应用外，还有药用价值。鸢尾性味辛、苦、寒，可用于治疗风湿疼痛、跌打损伤；尼泊尔鸢尾的根可消积利尿。

☆有一些品种鸢尾的根茎，可提取一种珍贵的香精，可以用来制作香水，若直接研成粉末，便是上等的香粉。

☆鸢尾虽然比较耐寒，但是在冬季比较寒冷的地区，株丛上应覆盖厩肥或树叶等进行防寒。

② **含羞草 /Mimosa：多年生草本植物**

含羞草适应性强，喜温暖湿润，在湿润的肥沃土壤中生长良好，对土壤要求不高，不耐寒，喜光，但又能耐半阴。在庭院中适合栽植在有坡度的灌木丛中或路旁的潮湿地。

生长月份表 / 月												
	1	2	3	4	5	6	7	8	9	10	11	12
播种期												
花期												

Tips

☆含羞草为直根性植物，须根很少，适宜播种繁殖，而且最好采取直播的方法，以免移栽伤根；若必须移栽者，应在幼苗期移栽，否则不易成活，作为一年生栽培的含羞草，一般于早春在室内播种。

☆含羞草用种子播种繁殖，春秋都可播种，播前可用 35℃温水浸种 24 小时，可以提高出苗率。

☆采种时选健壮母株，加强管理，于结果期随熟随采，荚果成熟时会自动开裂。

☆含羞草叶细小，羽状排列，用手触及小叶受刺激后，即行合拢，如震动大可使刺激传至全叶，总叶柄也会下垂，甚至可能传递到邻叶使其叶柄下垂。这是含羞草对环境的一种适应，因为它原产地在热带，多狂风暴雨，当雨水滴落于小叶和暴风吹动小叶时它即能感应，立即把叶子闭合，保护自己柔弱的叶片免受暴风雨的摧折，植物学上把这种有趣的现象叫做感震运动。

3 **大丽花 /Dahlia：多年生草本植物**

大丽花喜湿润怕渍水，喜肥沃但怕过度营养，喜阳光怕荫蔽，喜凉爽怕炎热。大丽花种植难度小、片植效果好，且花期长，比较适合家庭种植。也适宜花坛、花径或庭前丛植，矮生品种可作盆栽。花朵用于制作切花、花篮、花环等。

生长月份表 / 月											
1	2	3	4	5	6	7	8	9	10	11	12

播种期

追肥期

浇水期

Tips

☆大丽花已有 7000 多个品种，几乎任何色彩都有。它已成为世界著名花卉，遍布于各地的庭园中。大丽花还以抗污染植物著名。

☆大丽花不耐寒（主要是块根不能受冻），11月间，当枝叶枯萎后，要将地上部分剪除，搬进室内，原盆保存。也可将块根取出晾1～2天后埋在室内微带潮气的沙土中，温度不超过5℃，翌年春季再行上盆栽植。

☆盆栽大丽花的整枝，要根据品种灵活掌握。一般大型品种采用独本整形，中型品种采用4本整形。独本整形即保留顶芽，除去全部腋芽，使营养集中，形成植株低矮、大花型的独本大丽花。4本大丽花是将苗摘心，保留基部两节，使之形成4个侧枝，每个侧枝均留顶芽，可成4干4花的盆栽大丽花。

④ 黄菖蒲 /Iris pseudacorus：多年生水生植物

　　黄菖蒲适应性强，喜光，耐半阴，耐旱也耐湿，沙壤土及黏土都能生长，在水边栽植生长更好。适应范围广泛，可在水池边露地栽培，亦可在水中挺水栽培，既可观叶，亦可观花，是观赏价值很高的水生植物。

生长月份表 / 月											
1	2	3	4	5	6	7	8	9	10	11	12

	1	2	3	4	5	6	7	8	9	10	11	12
播种期					▓	▓						
花期												
果期					▓	▓	▓	▓				

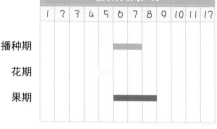

Tips

☆黄菖蒲病虫害不多。高温干旱的夏秋季节，于叶片初发锈病时用15%三唑酮可湿性粉剂喷洒；用20%杀灭菊酯乳油喷杀叶蜂。

☆种子成熟后，采后即播，成苗率较高，干藏种子播前用温水浸种半天，床土用营养土较好，发芽适温18～24℃，播后20～30天发芽。实生苗2～3年开花。

☆分株繁殖，春、秋季进行较好，将根茎挖出，剪除老化根茎和须根，用利刀按4～5厘米长的段切开，每段具2个顶生芽为宜。也可将根段暂栽在温沙中，待萌芽生根后移栽。

☆盆栽观赏的，盆栽土以营养土或园土为宜，分株后极易成活，盆土要保持湿润或2～3厘米的浅水。摆放或栽种场所要通风、透光，夏季高温期间应向叶面喷水。冬季及时清理枯叶。盆栽和地栽苗，每两年分栽一次为宜，起到繁殖更新作用。

5 花菱草 /California poppy：多年生草本植物常做一二年生栽培

花菱草耐寒力较强，喜冷凉干燥气候、不耐湿热，炎热的夏季处于半休眠状态，常枯死，秋后再萌发。适合盆栽观赏，也可用作花坛、花境材料。

生长月份表 / 月												
	1	2	3	4	5	6	7	8	9	10	11	12
播种期									▬			
花期			▬	▬	▬							
浇水期	▬	▬	▬	▬	▬	▬	▬	▬	▬			

Tips

☆花菱草的主根较长，不耐移栽。在播种前施些腐熟的豆饼作基肥，将种子直接播于盆内。

☆在开花的过程中，把残花带三片叶剪掉，可以延长花期。

☆在开花之前一般进行两次摘心，以促使萌发更多的开花枝条：上盆一至两周后，或者当苗高6～10厘米并有6片以上的叶片后，把顶梢摘掉，保留下部的3～4片叶，促使分枝。在第一次摘心3～5周后，或当侧枝长到6～8厘米长时，进行第二次摘心，即把侧枝的顶梢摘掉，保留侧枝下面的4片叶。进行两次摘心后，株形会更加理想，开花数量也多。

☆果皮变黄后，应在清晨及时采收，否则种子极易散落。晾晒蒴果时，注意在容器上加盖玻璃，因为晒干后，果皮的爆裂非常剧烈，会将种子弹出容器外，这样不利于种子的采收。

6 **半枝莲 /Barbata：多年生草本植物**

　　半枝莲生长强健，管理可以非常粗放，喜温暖湿润的气候，对土壤条件要求不高，以疏松、肥沃的沙壤土或壤土为好，过于干燥的土壤不利其生长。是庭院花池、花境、阳地地被的良好植物材料，也可盆栽观赏。

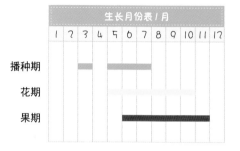

生长月份表 / 月												
	1	2	3	4	5	6	7	8	9	10	11	12
播种期												
花期												
果期												

Tips

☆半枝莲的分株繁殖在春夏进行。将植株老根挖起，选健壮、无病虫害的植株进行分株，每株有苗3～4根，按穴距27厘米左右穴栽，栽后浇水。

☆苗高5～7厘米时按株距4～5厘米进行间苗，同时进行补苗，补苗应带土移栽，栽后浇水。

☆半枝莲在生长过程中，几乎无病害发生，花期易发生蚜虫和菜黑虫为害，前者可用乐果防治，后者可用50%的敌敌畏1000倍液喷雾防治。

☆半枝莲在5～6月可以选择留种，种子逐渐成熟时分批采收果枝，晒干或阴干，搓出种子，簸净茎秆、杂质，置布袋中，于干燥处贮藏。半枝莲无需留种，一般可以连茬3～4年，再更新1次根苗。

⑦ 百日菊/Zinnia：一年生草本植物

百日菊性强健，喜温暖，不耐寒，怕酷暑，耐干旱，耐瘠薄，宜在肥沃深土层土壤中生长。适宜种于花坛、花镜，矮生种可盆栽，也是优良的切花材料。

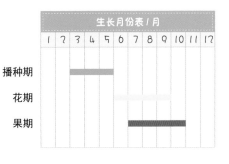

Tips

☆矮生百日菊要多次摘心，第一次在6叶时，留4片叶摘心，共摘心2～3次，每次摘心后施磷酸二氢钾，施肥防病。

☆百日菊花期长，后期植株会长势衰退，茎叶杂乱，花变小。所以秋季阳台用花应在夏季重新播种，并摘心1～2次。扦插繁殖可在6月中旬后进行，剪侧枝扦插，遮阴防雨。

☆百日菊留种要在外轮花瓣开始干枯、中轮花瓣开始失色时进行，剪下花头，晒干去杂、贮存。

☆百日菊的花期很长，可以从6月开到9月，花朵是陆续开放的形式，而且长期保持着鲜艳的色彩，象征友谊天长地久。更有趣的是百日菊第一朵花是开在顶端的，然后侧枝顶端开花比第一朵开得更高，所以又得名"步步高"。百日菊花的颜色非常丰富，作盆栽欣赏，观其花朵，一朵更比一朵高，会激发人们的上进心。

8 翠菊 /Aster：一年生草本植物

　　翠菊的耐寒性弱，也不喜酷热，通风而阳光充足时生长旺盛，喜肥沃湿润和排水良好的壤土、沙壤土，积水时易烂根死亡。宜布置花坛、花镜、盆栽及作切花用。

生长月份表 / 月											
1	2	3	4	5	6	7	8	9	10	11	12

播种期

花期

 Tips

　　☆翠菊一般不需要摘心。为了使主枝上的花序充分表现出品种特征，应适当疏剪一部分侧枝，每株保留花枝 5 ~ 7 个。

　　☆促进的翠菊花期调控主要采用控制播种期的方法，3 ~ 4 月播种，7 ~ 8 月开花；8 ~ 9 月播种，年底开花。

　　☆翠菊为常异交植物，重瓣品种天然杂交率很低，容易保持品种的优良性状。重瓣程度较低的品种，天然杂交率很高，留种时必须隔离。

　　☆翠菊为浅根性植物，生长过程中要保持盆土湿润，有利茎叶生长。同时，盆土过湿对翠菊影响更大，引起徒长、倒伏和发生病害。

　　☆夏季干旱时，须经常灌溉。

　　☆秋播切花用的翠菊，必须采用半夜光照 1 ~ 2 小时，以促进花茎的伸长和开花。

9 **绣球花 /Hydrangea：落叶灌木**

　　绣球花性喜温暖、湿润和半阴环境。喜肥沃湿润、排水良好的轻壤土，但适应性较强。因对阳光要求不高，故最适宜栽植于阳光较差的小面积庭院中。在建筑物入口处对植两株、沿建筑物列植一排、丛植于庭院一角，各种形式都很理想。更适合植于花篱、花境。

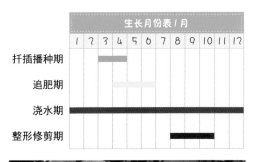

生长月份表 / 月											
1	2	3	4	5	6	7	8	9	10	11	12

扦插播种期

追肥期

浇水期

整形修剪期

Tips

　　☆分株繁殖则宜在早春萌芽前进行。将已生根的枝条与母株分离，直接盆栽，浇水不宜过多，在半阴处养护，待萌发新芽后再转入正常养护。

　　☆压条繁殖可在芽萌动时进行，30天后可生长，翌年春季与母株切断，带土移植，当年可开花。

　　☆绣球花的花色受土壤酸碱度影响，酸性土花呈蓝色，碱性土花为红色。为了加深蓝色，可在花蕾形成期施用硫酸铝。为保持粉红色，可在土壤中施用石灰。

　　☆夏秋时期，每周施用一次稀释硫化铁溶液（1000倍以上），当花萼细胞铁元素增加，花色便会渐渐转为蓝色。或是在植株旁埋几根生锈铁钉，换盆时混入少量硫化铝或硫化镁。

　　☆换盆时壤土依盆土多少加入少于1/3茶匙以下的碳酸钙（即石灰石）的粉末，可使花色变为粉色。

10 **吊竹梅 /Variegated Commelina：多年生草本植物**

吊竹梅喜温暖湿润环境，耐阴，畏烈日直晒，适宜疏松肥沃的沙质壤土。适应能力很强，庭院栽培常用来作整体布置，作为地被覆盖效果又快又好。

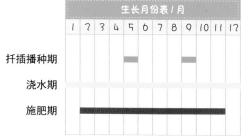

生长月份表 / 月											
1	2	3	4	5	6	7	8	9	10	11	12

扦插播种期

浇水期

施肥期

Tips

☆吊竹梅的老叶易脱落，使得下部显得空荡，因此种植吊竹梅最好经常培育新株用以更新。

☆吊竹梅用茎插很容易生根，甚至可以用水来扦插。上盆时要把 5、6 株合栽。

☆吊竹梅无论什么季节都需要明亮的光照，以促使植株长出密集而鲜艳的叶子。如果光线太暗，茎会长得细长散乱，叶会褪色。但不可让烈日直射。

☆小型的吊竹梅盆栽，生长迅速，1 年可覆盖满盆，枝叶匍匐悬垂，叶色紫、绿、银色相间，光彩夺目。置于高几架、柜顶端任其自然下垂，也可吊盆欣赏。或布置于窗台上方，使其下垂，形成绿帘。庭院栽培常用来作整体布置。植株花叶有时可变成绿色叶，此时，应及时摘除，以免整株植物叶片全部变绿。

⑪ 铁线蕨 /Adiantum：多年生常绿草本植物

铁线蕨喜温暖、湿润和半阴环境，不耐寒，忌阳光直射，喜疏松、肥沃和含石灰质的沙质壤土。适应性强，栽培容易，常作盆栽观赏，也可以作地被植物。

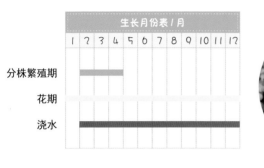

生长月份表 / 月											
1	2	3	4	5	6	7	8	9	10	11	12

	生长月份表
分株繁殖期	
花期	
浇水	

Tips

☆分株繁殖在室内四季均可，但一般在早春结合换盆进行。将母株从盆中取出，切断其根状茎，使每块均带部分根茎和叶片，然后分别种于小盆中。根茎周围覆混合土，灌水后置于阴湿环境中培养，即可取得新植株。

☆铁线蕨喜阴，适应性强，栽培容易，更适合室内常年盆栽观赏。作为小型盆栽喜阴观叶植物，在许多方面优于文竹。小盆栽可置于案头、茶几上；较大盆栽可用以布置背阴房间的窗台、过道或客厅，能够较长期供人欣赏。铁线蕨叶片还是良好的切叶材料及干花材料。

☆铁线蕨喜明亮的散射光，怕太阳直晒。夏季可适当遮阴，长时间强光直射会造成大部分叶片枯黄。在室内应放在光线明亮的地方，即使放置一年也能正常生长。

12 **金叶女贞 /California Privet：半绿小灌木**

金叶女贞为半绿小灌木，性喜光，稍耐阴，耐寒能力较强，适应性强，对土壤要求不严格，但以疏松肥沃、透性良好的沙壤土为最好。在庭院中，适作绿篱或剪成球状绿化观赏，也可作嫁接桂花的砧木。

生长月份表 / 月											
1	2	3	4	5	6	7	8	9	10	11	12

花期

果期

Tips

☆ 管理粗放，金叶女贞一般采用扦插繁殖，扦插生根率几乎达100%，成活率可达95%。它根系发达，吸收力强，一般园土栽培不必施肥。

☆ 抗病力强，很少有病虫危害。

☆ 金叶女贞在生长季节叶色呈鲜丽的金黄色，可与红叶的紫叶小檗、红花檵木、绿叶的龙柏、黄杨等组成灌木状色块，形成强烈的色彩对比，具极佳的观赏效果。

☆ 它萌蘖力强，耐修剪，在栽培中很容易培养成球形。它枝叶茂密，宜栽培成矮绿篱，每年修剪两次就能达到优良观叶的效果。

13 雀舌黄杨 /Boxwood Buxus：常绿灌木植物

雀舌黄杨为常绿小乔木或灌木。喜温暖湿润、阳光充足的环境，耐干旱和半阴，要求疏松、肥沃和排水良好的沙壤土，耐修剪，较耐寒，抗污染，是一种极好的庭院观赏类植物，也适合于盆景栽植。

生长月份表 / 月											
1	2	3	4	5	6	7	8	9	10	11	12

繁殖期

Tips

☆雀舌黄杨盆景主干长势特慢，非常苍劲，但嫩枝条长得较快，叶的密度必然拉长，就显得软散，惟有用"摘心"来控制，才能保证观赏价值。就是在枝条没有木质化之前，留一对，最多两对嫩叶片，其余摘掉或剪掉，在适当的水、肥等条件下，十天半月它就会发出两个嫩芽来。就这样周而复始，它的枝条显得短而粗，叶片可以2的积数倍增，不断提高观赏价值。

☆雀舌黄杨在夏秋之前就开始有花苞了，春天开花，花果所需营养要占全树的 70% ～ 80%，这样必然影响它正常生长和美观，我们是以观叶为主。所以必然从见花苞开始，就要把它摘除。

☆换盆的最佳季节，一是初春（定根后就可以萌芽）。二是暑天长势旺盛季节（换盆后在阴凉处摆上七八天，又会恢复旺势）。

14 紫叶小檗 /Berberis thunbergi：落叶灌木植物

紫叶小檗为落叶多枝灌木，喜凉爽湿润环境，耐寒也耐旱，不耐水涝，喜阳也能耐阴，对各种土壤都能适应。适宜在园林中作花篱或在园路角隅丛植。可作大型花坛镶边，也可对称状配植，或点缀在岩石间、池畔。

生长月份表 / 月											
1	2	3	4	5	6	7	8	9	10	11	12

移栽上盆期
花期
果熟期

Tips

☆紫叶小檗的适应性强，喜阳，耐半阴，但在光线稍差或密度过大时部分叶片会返绿。

☆紫叶小檗萌蘖性强，耐修剪，定植时可行强修剪，以促发新枝。入冬前或早春前疏剪过密枝或截短长枝，花后控制生长高度，使株形圆满。

☆由于它的萌蘖力强，在早春或生长季节，应对茂密的株丛进行必要的疏剪，剪去老枝、弱枝等，使之萌发新枝叶后，有更好的观赏效果。

☆小檗最常见的病害是白粉病。此病是靠风雨传播，其传播速度极快，且危害大，故一旦发现，应立即进行处置。其方法是用三唑酮稀释 1000 倍液，进行叶面喷雾，每周一次，连续 2 ~ 3 次可基本控制病害。

阳光 花草

　　阳光花草是一群非常喜欢阳光的照射，喜欢沐浴在阳光下的花草植物，它们也都喜欢长时间的日照或者光照条件。如果你有一个充满阳光的阳台，就一定不要少了它们。

15 小白菊/Feverfew：二年生草本花卉

　　小白菊矮而强健，多花，花期早，花期长，摆放在阴凉通风的环境中能延长花期。成片栽培耀眼夺目，适合盆栽、组合盆栽观赏或早春花坛美化。小白菊喜阳光充足而凉爽的环境，光照不足开花不良。

生长月份表 / 月											
1	2	3	4	5	6	7	8	9	10	11	12

播种期

追肥期

浇水期

Tips

　　☆小白菊用播种繁殖，播种时，将种子与少量的细沙或培养土混匀后撒播于苗床或育苗盘中，覆土厚度以不见种子为宜，保持湿润，5 ~ 8天发芽。成苗后略施追肥，促使幼苗生长健壮，长出 4 ~ 5 片真叶后移入苗床或营养钵中育苗。

　　☆小白菊虽耐寒，但冬季幼苗最好放在室内，让其继续生长，适时浇水施肥，及时摘除花蕾，促其增大冠径，翌年早春移至室外，能增加其观赏效果。

　　☆菊花植株的嫩茎很易受蚜虫侵害，如发现有蚜虫，应及时防治。可用 2.5% 鱼藤酮，每公顷 2.25 升，用水稀释 500 倍喷洒，或吡虫啉 10 ~ 15 克，兑水 5000 ~ 7500 倍喷洒，7 ~ 10 天后采花。

16 向日葵 /Sunflower：一年生草本植物

向日葵原产热带，但对温度的适应性较强，是一种喜温又耐寒的作物。它的植株高大，叶多而密，是耗水较多的植物。它对土壤要求不严格，在各类土壤上均能生长，具有较强的抗逆性。向日葵可以盆栽，作花坛、花境植物，同时也是切花材料。

生长月份表 / 月											
1	2	3	4	5	6	7	8	9	10	11	12

播种期

花期

Tips

☆向日葵喜欢充足的阳光，其幼苗、叶片和花盘都有很强的向光性。日照充足，幼苗健壮能防止徒长；生育中期日照充足，能促进茎叶生长旺盛，正常开花授粉，提高结实率；生育后期日照充足，子粒充实饱满。

☆向日葵一般采用点播的方式，覆土约 1 厘米，播后 50 ~ 80 天开花，因品种不同各项指标略有差异。

☆向日葵病虫害发生率较低，主要病害为白粉病，白粉病发病时叶片开始生白色圆形粉状斑，扩大后连成一片，以后白粉层上又生褐色小点，植株生长停止。在发病初期，可用 50% 甲基托布津可湿性粉剂 500 倍液喷洒或用等量式波尔多液防治。

☆危害向日葵的害虫有蚜虫、盲蝽、红蜘蛛和金龟子等，可用 40% 氧化乐果乳油 1000 倍液、73% 克螨特乳油 1500 倍液进行喷雾防治喷杀。

17 三色堇 /Viola tricolor：二年生或多年生草本植物

三色堇在欧洲是常见的野花，也常栽培于庭院中。三色堇耐寒，喜凉爽，喜长日照，所以以露天栽种为宜，花坛、庭院、盆栽皆适合。不适合种于室内。

生长月份表 / 月											
1	2	3	4	5	6	7	8	9	10	11	12

播种期

花期

Tips

☆三色堇不适合种于室内，因为光线不足，生长会迟缓，枝叶无法充分茁壮，导致无法开花，开花后也不应移入室内，以长保花朵寿命。

☆三色堇的扦插或压条繁殖，扦插3～7月均可进行，以初夏为最好。一般剪取植株中心根茎处萌发的短枝作插穗比较好，开花枝条不能作插穗。扦插后2～3个星期即可生根，成活率很高。压条繁殖，也很容易成活。

☆危害三色堇的虫害主要是黄胸蓟马。它主要危害三色堇的花，并会留下灰白色的点斑，危害严重时，会使三色堇的花瓣卷缩、花朵提前凋谢，并多发于高温干旱时节。防治措施：用2.5%的溴氰菊酯4000倍液或杀螟松1500倍液，每隔10天喷洒1次。

18　非洲菊 /Gerbera：多年生草本植物

非洲菊喜光，冬季需全光照，夏季应注意适当遮阴，并加强通风，露地栽培要注意防涝。可布置花坛、花径，也是重要的切花材料。

生长月份表 / 月											
1	2	3	4	5	6	7	8	9	10	11	12

定植期

花期

Tips

☆非洲菊为喜光花卉，冬季需全光照，但夏季应注意适当遮阴，并加强通风，以降低温度，防止高温引起休眠。

☆非洲菊如果调整好定植时期通常能够达到四季有花，但花期以春秋两季最盛。

☆非洲菊的采收：单瓣品种的花朵当2～3轮雄蕊成熟后就可采收了，重瓣品种要成熟一些才采收，早采的花朵瓶插寿命会缩短。采后必须先立即放入水中，水必须很清洁。鲜花在放入水前须剪去2～5厘米毛状木质化的底部花梗，使花梗能够吸水。

☆非洲菊盆栽常用来装饰门庭、厅室，其切花用于瓶插、插花，点缀案头、橱窗、客厅。以粉红非洲菊为主花，配上石斛、丝石竹、兰花叶，色调淡雅，情趣甚浓。如用红色非洲菊为主花，配上肾蕨、棕竹叶和干枝、染色核桃，进行挂壁装饰，可产生较强的装饰效果。

19 **松果菊 /Coneflower：多年生草本花卉**

松果菊喜温暖向阳环境，抗寒耐旱，适生温度 15 ~ 28℃，不择土壤。浇水不宜过多，梅雨季节，空气湿度大时更要控制浇水。生长期间要追施稀薄液肥，促使生长。花蕾形成时每周施肥 1 次。多用于花坛镶边或布置花境，用作庭院地被，效果也很好。

生长月份表 / 月											
1	2	3	4	5	6	7	8	9	10	11	12
播种期											
花期											

Tips

☆欲使松果菊多开花，可采取分期播种和花后及时修剪两种方法。分期播种：提前或延后在室内温度适宜的环境中播种。修剪残花调节花期，花谢后进行残花修剪，同时给予良好的肥水条件，3 ~ 4 个月后又可再一次开花。

☆分株繁殖：对于多年生母株，可在春秋两季分株繁殖。每株需 4 ~ 5 个顶芽从根茎处割离。

☆扦插繁殖：取长约 5 厘米的嫩梢，连叶插入沙床中，要求插床不能过湿，且空气湿度要高，在温度 22℃条件下 3 ~ 4 周便可生根。

☆栽植松果菊，每盆视盆大小，可种 3 ~ 5 棵苗。在生长初期需摘心 1 次，促使分枝。栽培植株每年更新一次为好。

20 **酢酱草 /Iris pseudacorus：多年生草本花卉**

酢酱草长势十分强健，繁殖栽培都极易成功。在阳光下生长则分蘖更快，开花也多。盆栽时，除盛夏宜放半阴处外，其他时间都应给予充足的光照。酢酱草是良好的阳地地被植物。

生长月份表 / 月											
1	2	3	4	5	6	7	8	9	10	11	12

播种期

花期

果期

—— Tips ——

☆酢酱草繁殖主要用分株法，分株时，每株都应带地下根状茎，若能茎分植，不论株丛大小都易成活。如需扩大繁殖，还可将念珠状根状茎切成小块，每个小块都带有凸起的芽就行，将这小块埋入土中，稍加覆盖，浇透水，很快就会长出新叶，而且不久就能开花。除冬季外，其他时间都可进行。

☆盛夏7～9月高温阶段，红花酢酱草会被迫休眠，花叶发黄，开花减少。此时如能注意遮阴降温，就基本上可以避免明显的休眠，一直花开不断。在此期间，对出现的部分黄叶要及时清除掉，以免有碍观赏。

☆酢酱草有黄花和紫花两种。一般称为酢酱草的，是指黄花酢酱草，开紫花的则称之为紫花酢酱草。

21 **天竺葵 /Geranium：多年生草本常作一二年生栽培**

天竺葵喜温暖、湿润、阳光充足的环境。耐寒性差，稍耐干旱，怕水湿和高温，宜种植于肥沃疏松、排水良好的沙质壤土中。宜盆栽作室内外装饰，也可作春季花池、花境、花坛用花。

生长月份表 / 月											
1	2	3	4	5	6	7	8	9	10	11	12

扦插
播种期

花期

Tips

☆天竺葵繁殖以扦插为主，多行于春、秋两季。插穗用新、老枝条，但以枝端嫩梢插后生长最好。插穗选 10 厘米左右，保留上端叶片 2 ～ 3 枚，如用老条也可不带叶片，将切口稍行阴干后，插于洁净的沙土中。沙土宜保持微湿，切勿大水。先置半阴处保持叶片不萎，3 ～ 5 日后再逐渐接触阳光。一般约两周生根，至根长 3 ～ 4 厘米时即可上盆。

☆为促使分枝较多的天竺葵多开花，要对植株进行多次摘心，以促进其增加分枝和孕蕾。花谢后要适时剪去残花，剪掉过密和细弱的枝条，以免过多消耗养分，但冬季天寒，不宜重剪。

☆天竺葵球花的花色可随土壤的 pH 而改变。若在酸性土壤种植(pH 比 7 小)，花色是蓝色；若在中性土壤种植(pH 大约等于 7)，花色是乳白色；若在碱性土壤种植(pH 比 7 大)，花色是红或紫。因此可通过调节土壤的 pH 来改变花色。

22 矮牵牛 /Garden Petunia：多年生草本植物

矮牵牛又名碧冬茄。其茎直立或匍匐，花朵硕大，色彩丰富，花型变化颇多。喜温暖和阳光充足的环境，不耐霜冻怕雨涝。常用作盆栽、吊盆、花坛花境美化等，大面积栽植具有地被效果，景观效果好。

生长月份表 / 月											
1	2	3	4	5	6	7	8	9	10	11	12

播种期

花期

Tips

☆矮牵牛扦插繁殖栽培，在室内全年均可进行，花后剪取萌发的顶端嫩枝，长 10 厘米，插入沙床，插壤温度 20 ~ 25℃，插后 15 ~ 20 天生根，30 天可移栽上盆。

☆盆栽矮牵牛要控制好水量，不要使土壤过湿。商店用花肥即可使用，但平时可将其落叶埋于土中，或用其他落叶也可。因盆栽矮牵牛植株不是很大，落叶的分解物就能满足它所需要的养分。

☆盆栽矮牵牛要注意修剪，才能保持其外形美观，常用修剪方式为摘心处理，当主蔓生出 7 ~ 8 片叶时进行摘心，留 4 片叶，待长出 3 个支蔓后再留 4 片叶进行摘心。使每盆植株不超过 9 个花蕾，这样可使株形丰满花大。

☆矮牵牛较耐修剪，如果第一次修剪失败，可以再修剪一次，之后通过换盆，勤施薄肥，养护得当，仍能够长得很好。

23 飞燕草 /Delphinium grandiflorum：多年生草本植物

　　飞燕草较耐寒、喜阳光、怕暑热、忌积涝，宜在深厚肥沃的沙质土壤上生长。飞燕草的花形别致，色彩淡雅，可以丛植，栽植花池花境，也可以用作切花。

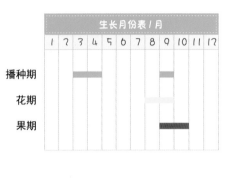

生长月份表 / 月											
1	2	3	4	5	6	7	8	9	10	11	12

播种期

花期

果期

Tips

　　☆矮飞燕草因花形别致、酷似一只燕子而得名。

　　☆雨天注意给盆栽飞燕草排水。栽前施足基肥，追肥以氮肥为主。老龄植株生长势衰弱，2～3年需移栽一次。飞燕草植株高大，易倒伏或弯曲，需支撑固定。

　　☆分株繁殖，春、秋季均可进行。春季新芽长至15～18厘米时扦插，生根后移栽，也可于花后取基部的新枝扦插。

　　☆扦插繁殖在春季进行，当新枝长出15厘米以上时切取插条，插入沙土中。

　　☆果熟期不一致，熟后当自然开裂，故应及时采收。一般在6月将已熟种子先采收1～2次，7月份选优全部收割晒干脱粒。

葱兰 /Zephyranthes：多年生常绿球根花卉

　　葱兰喜阳光充足，耐半阴和低湿，宜肥沃、带有黏性而排水好的土壤。植株低矮整齐，花朵繁多，花期长，常用作花坛的镶边材料，也宜丛植，最宜作林下半阴处的地被植物，或植于庭院小径旁。

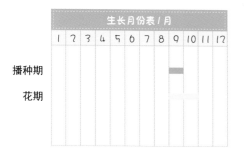

生长月份表 / 月											
1	2	3	4	5	6	7	8	9	10	11	12

播种期

花期

Tips

　　☆分株繁殖时间：在早春（二、三月份）土壤解冻后进行。分株方法：把母株从花盆内取出，抖掉多余的盆土，把盘结在一起的根系尽可能地分开，用锋利的小刀把它剖开成两株或两株以上，分出来的每一株都要带有相当的根系，并对其叶片进行适当地修剪，以利于成活。

　　☆葱兰可在水箱中栽种，长出的叶片鲜亮。进入 8 月份，株高已达 30 多厘米，这时可抽出几十个花茎，到 9 月下旬，开出白花。令人称赞的是，这些花朵均位于水面以下，透过明亮的水体，衬托出晶莹洁白、高低错落的葱兰花。

25 **郁金香 /Tulipa：多年生草本植物**

　　郁金香性喜向阳、避风、冬季温暖湿润、夏季凉爽干燥的气候，耐寒性很强，怕酷暑，要求腐殖质丰富、疏松肥沃、排水良好的微酸性沙质壤土，忌碱土。常群植于草坪或园路旁，观赏效果极佳，可作盆栽，也是良好的切花材料。

生长月份表 / 月												
	1	2	3	4	5	6	7	8	9	10	11	12
播种期									▬	▬		
花期												

Tips

　　☆充足的光照对郁金香的生长是必需的，光照不足，将造成植株生长不良，引起落芽，植株变弱，叶色变浅及花期缩短。但郁金香上盆后半个多月时间内，应适当遮光，以利于种球发新根。

　　☆郁金香采用分球繁殖，以分离小鳞茎法为主。母球为一年生，即每年更新，花后在鳞茎基部发育成 1 ～ 3个次年能开花的新鳞茎和 2 ～ 6 个小球，母球干枯。母球鳞叶内生出一个新球及数个子球，新球与子球的膨大常在开花后一个月的时间内完成。可于 6 月上旬将休眠鳞茎挖起，去泥，贮藏于干燥、通风和 20 ～ 22℃温度条件下，有利于鳞茎花芽分化。分离出大鳞茎上的子球放在 5 ～ 10℃的通风处贮存，9 ～ 10 月份栽种，栽培地应施入充足的腐叶土和适量的磷、钾肥作基肥。植球后覆土 5 ～ 7 厘米即可。

26 **茑萝 /Ipomoea quamoclit：一年生藤本花卉**

茑萝原产热带地区，要求阳光充足的环境，喜温暖，忌寒冷，怕霜冻，对土壤要求不严，但在肥沃疏松的土壤上生长好。茑萝植株纤小，故不适合布置于高架高篱，它一般用于布置矮垣短篱，或绿化阳台。

生长月份表 / 月											
1	2	3	4	5	6	7	8	9	10	11	12

播种期

花期

Tips

☆茑萝花朵为五象星状小花，颜色深红鲜艳，除红色外，还有白色的。开花时每天开放一批，晨开午后即蔫。茑萝的细长光滑的蔓生茎，长可达 4 ~ 5 米，柔软，极富攀援性，是理想的绿篱植物。

☆茑萝在生长过程中应适当疏蔓疏叶，既有利于通风透光，又能使株形优美。花谢后应及时摘去残花，不让它结籽，使养分集中供新枝开花，延长花期。

☆压条法繁殖茑萝，选取健壮的枝条，从顶梢以下 15 ~ 30 厘米处把树皮剥掉一圈，剥后的伤口宽度在 1 厘米左右，深度以刚刚把表皮剥掉为限。剪取一块长 10 ~ 20 厘米、宽 5 ~ 8 厘米的薄膜，上面放些淋湿的园土，把环剥的部位包扎起来，薄膜的上下两端扎紧，中间鼓起。4 ~ 6 周后生根。生根后，把枝条边根系一起剪下，就成了一棵新的植株。

27 美女樱 /Verbena hybrida：多年生草本植物

美女樱喜阳光、不耐阴，较耐寒、不耐旱，在炎热夏季能正常开花。在阳光充足、疏松肥沃的土壤中生长，花开繁茂。适合盆栽观赏或布置花台花境，也可大面积栽植于园林隙地、树坛中。

生长月份表 / 月											
1	2	3	4	5	6	7	8	9	10	11	12

播种期

花期

果期

~~Tips~~

☆美女樱可用匍枝进行压条，待生根后将节与节连接处切开，分栽成苗。

☆美女樱在开花之前一般进行两次摘心，以促使萌发更多的开花枝条：上盆 1 ～ 2 周后，或者当苗高 6 ～ 10 厘米并有 6 片以上的叶片后，把顶梢摘掉，保留下部的 3 ～ 4 片叶，促使分枝。在第一次摘心 3 ～ 5 周后，或当侧枝长到 6 ～ 8 厘米长时，进行第二次摘心，即把侧枝的顶梢摘掉，保留侧枝下面的 4 片叶。进行两次摘心后，株形会更加理想，开花数量也多。

☆成年的美女樱每两个月进行一次修剪，剪掉带有老叶和黄叶的枝条，只要温度适宜，就能四季开花。

☆美女樱是喜光植物，在生长期间要放在阳光充足处培养，霜降前要搬到室内阳光处。母株易老化，需每两年更新一次。

芳香 花草

芳香花草泛指花、叶、茎、根等器官具有特殊香气、口感的花草植物，在阳台上直接栽植芳香植物，直接利用这些芳香的植株本身，更让人有置身于大自然的感觉。

28 薰衣草 /Lavender：多年生草本或小矮灌木

薰衣草是一种馥郁的紫色的小花，又名"宁静的香水植物"，薰衣草喜阳光、耐热、耐旱、极耐寒、耐瘠薄、抗盐碱，需日照充足，通风良好。其叶形花色优美典雅，蓝紫色花序颖长秀丽，适宜花坛、花境丛植或条植，也可盆栽观赏。开花的枝条也可作切花、插花材料。

生长月份表 / 月											
1	2	3	4	5	6	7	8	9	10	11	12

播种期

花期

Tips

☆薰衣草不喜欢根部常有水滞留。在一次浇透水后，应待土壤干燥时再给水，以表面培养介质干燥，内部湿润为度，叶子轻微萎蔫为主。

☆薰衣草花朵的精油含量最丰富，利用时以花朵或花序为主，为方便收获，栽培初期的一些小花序不妨以大剪刀整个理平，新长出之花序高度一致，有利于一次性收获。

☆薰衣草为长日照植物，光照对其发育和芳香油的形成有极重要的作用，过分遮光会造成徒长，同时易感病，但酷暑的时候最好能做一些遮阴的处理，避免烈日直射。

☆薰衣草叶形花色优美典雅，蓝紫色花序颖长秀丽，是庭院中一种新的多年生耐寒花卉，适宜花径丛植或条植，也可盆栽观赏。剪取开花的枝条可直接插于花瓶中观赏，干燥的花枝也可编成具有香气的花环。

29 萱草 /Hemerocallis fulva：多年生宿根草本

　　萱草的花蕾为橙黄色，有芳香气味。萱草性强健，耐寒，适应性强，喜湿润也耐旱，喜阳光又耐半阴，对土壤要求不高，但以排水良好的湿润土壤为宜。

生长月份表 / 月											
1	2	3	4	5	6	7	8	9	10	11	12

播种期

花期

Tips

　　☆萱草在春秋季节可以分株繁殖，每丛带 2～3 个芽，施以腐熟的堆肥，若春季分株，夏季就可开花，通常 5～8 年分株一次。

　　☆播种繁殖春秋均可。春播时，头一年秋季将种子沙藏，播种前用新高脂膜拌种，提高种子发芽率。播后发芽迅速而整齐。秋播时，翌春发芽。实生苗一般两年开花。

　　☆萱草生长强健，适应性强，耐寒。在恶劣环境中，生长发育不良，开花小而少。因此，生育期（生长开始至开花前）如遇干旱应适当灌水，雨涝则注意排水。

　　☆萱草的花色鲜艳，栽培容易，且春季萌发早，绿叶成丛极为美观。阳台栽植可与其他植物丛植。萱草类耐半阴，又可作疏林地被植物。

30 **水仙 /Daffodil：多年生草本植物**

水仙花花香清郁，鲜花芳香油含量很高，经提炼可调制香精、香料。水仙喜好冷凉的气候，能耐半阴，不耐寒，忌高温多湿，喜阳光温暖。以疏松肥沃、土层深厚的冲积沙壤土为最宜。花形奇特，花色素雅，常用于切花和盆栽，亦适合丛植于草坪中，镶嵌在假山石缝中。

生长月份表 / 月											
1	2	3	4	5	6	7	8	9	10	11	12

播种期

花期

Tips

☆水仙在低温下生长缓慢，可用增温的方法催花。阳光增温：白天移放室外阳光下，或室内朝南阳光充足的玻璃窗前，直至开花为止。灯光增温：在花盆中罩上塑料罩，开电灯照射，待罩内升温至 23℃ 停止。电热器增温：开启电热器或将电吹风放置在不至烫伤水仙花的位置，让暖风徐徐吹拂花体，连续数天至花朵绽放。温水增温：在水盆内放入少量温水，让水温升到 12 ~ 15℃。

☆当水仙花全部盛开时，将少量食盐放入盆中，能使花期延长。切忌在水仙含苞待放时就放盐，否则反而会抑制花蕾开放。或用两片阿司匹林碾成粉末，放入 1000 毫升的水中，溶化后洒在正在开花的水仙盆中，可使水仙花期延长一周左右的时间。

☆当水仙花花茎长到 25 厘米左右的高度时，用医用的注射器将蒸制糕点的食用色素的水溶液注入到莛茎内，注入点为茎杆高度的上 1/4 处，可以使水仙花朵更加鲜艳。

31 美国薄荷 /Monarda didyma：多年生草本植物

美国薄荷的叶片具有芳香气息，苞片鲜艳明显，容易招引蜜蜂。茎直立，喜肥沃、湿润的土壤。株高较高，也可通过修剪控制其高度及花期，是一种良好的阳台花境材料。

生长月份表 / 月											
1	2	3	4	5	6	7	8	9	10	11	12

播种期

花期

── Tips ──

☆美国薄荷在阳光充足的全日照环境下，会生长得较健壮，在半日照或无直射阳光的环境下，会使得开花数减少。喜欢生长在土壤潮湿且排水良好的地方。

☆分株法是美国薄荷最常使用的繁殖方法，每隔 3 ~ 5 年分株一次，将生长成一大丛的植株，分割成数个小丛再重新种植，定期的分株可以维护母株的健康，防止根腐病的发生，及促进叶子间空气的流通，降低病虫害的发生。

☆美国薄荷由于根内含有芳香油，这些油可以防止地底害虫的侵袭，有时也被间植在一些小型蔬菜作物的周围，来减少虫害。

32 风信子 /Hyacinth：多年生草本植物

　　风信子的香味是温馨中带娇艳，它喜冬季温暖湿润、夏季凉爽稍干燥、阳光充足或半阴的环境，喜肥沃、排水良好的沙壤土。风信子适合小型盆栽观赏，或在花池中丛植。

生长月份表 / 月											
1	2	3	4	5	6	7	8	9	10	11	12

播种上盆期

花期

Tips

　　☆选购风信子种头时要注意挑选皮色鲜明、质地结实没有病斑和虫口的，通常从种皮的颜色可以基本判断它所开的是什么颜色的花。比如外皮为紫红色的它就会开紫红色的花，若是白色的将会开白色的花。但有些经过杂交育成的品种其颜色较为复杂，需要询问清楚。为了使它打破休眠期要先放进冰箱冷藏一个月左右，以便于日后顺利开花。但从冰箱取出时最好移放在阴凉的地方7～8天才进行播种。

　　☆以分球繁殖为主的风信子在育种时用种子繁殖，也可用鳞茎繁殖。母球栽植1年后分生1～2个子球，也有品种可分生10个以上子球。分球繁殖的子球需3年才能开花。

33 兰花 /Orchidaceae：多年生草本植物

　　兰花是开花植物中最大、最具多样性的科，其香味有浓有淡因品种而异。兰花性喜阴，怕阳光直射，喜肥沃、富含大量腐殖质、宜空气流通的土壤环境。各地的气候、环境都能影响兰花的生长，所以选择植料的方式有差别。

生长月份表 / 月

	1	2	3	4	5	6	7	8	9	10	11	12
分株繁殖期			▬	▬	▬				▬	▬		
花期												

Tips

　　☆分株繁殖在春秋两季均可进行，一般每隔三年分株一次。凡植株生长健壮，假球茎密集的都可分株，分株后每丛至少要保存5个连接在一起的假球茎。分开的兰丛，不要拆得太零星，每丛至少有3～5苗，最好是一年生植株、二年生植株和三年生植株保留在同一丛中。

　　☆兰花浇水要看气温情况而定，春季浇水量宜少，夏季宜多；梅雨季节正值兰花抽生叶芽，盆土宜稍干；秋后天气转凉，浇水量酌减，保持湿润即可。冬季在室内宜干，减少浇水次数，且宜于中午时浇。兰花可淋小雨，但连续下雨或暴雨则易烂心、烂叶，故须注意防雨。

　　☆兰花多属于半阴性植物，多数种类怕阳光直晒，需适当遮阴。兰花在4月上中旬可多照阳光促进其生长，4月下旬以后要适当遮阴。从6月开始到9月，每天要提早放于荫蔽处，可用遮阳网或帘。10月以后天气转凉，阳光较弱，但中午前后仍需注意做好遮阴工作。

石竹梅 /Dianthus chinensis：多年生草本植物

石竹梅有单瓣和重瓣之分，花朵具香味，性耐寒、耐干旱，不耐酷暑，喜阳光充足、通风及凉爽湿润的气候，要求排水良好的壤土或沙质壤土，忌水涝，好肥。可用于花坛、花境、花台或盆栽，大面积成片栽植时可作景观地被材料。

生长月份表 / 月											
1	2	3	4	5	6	7	8	9	10	11	12
播种期											
花期											

Tips

☆石竹梅可用播种、扦插、分株法繁殖。扦插于10月至翌年3月进行。分株多在花后利用老株分株繁殖。栽植简易，管理粗放，每年都应进行分株。

☆石竹梅种苗正常开始生长时，在距主茎3～4节处进行摘心，促进侧芽生长，第一次每株留芽4～6个，其余的全部抹去，生长期给予充足的水肥。

☆石竹梅在整个生长期内易遭病虫害的侵害。病害主要有叶斑病、枯萎病和病毒病；虫害主要有根结线虫、蚜虫等。病害防治有效药剂为托布津、波尔多液和代森锰锌等，制成500～1000倍液于发病初期喷施，防治效果较好。对地下害虫防治，用氧化乐果稀释1000倍液进行灌根或喷施。

35 万寿菊 /Tagetes erecta：一年生草本植物

　　万寿菊又名臭芙蓉，全株具异味，喜阳光充足的环境，耐寒、耐干旱，对土地要求不严，但以肥沃疏松排水良好的土壤为好。是优良的鲜切花材料，根据需要可上盆摆放，可作带状栽植于篱垣下，也可移栽于花坛，拼组图形等。

生长月份表 / 月											
1	2	3	4	5	6	7	8	9	10	11	12

播种期

花期

Tips

　　☆万寿菊在夏季进行扦插，容易发根，成苗快。从母株剪取 8 ~ 12 厘米嫩枝做扦插，去掉下部叶片，插入盆土中，每盆插 3 株，插后浇足水，略加遮阴，2 周后可生根。然后，逐渐移至有阳光处进行日常管理，约 1 个月后可开花。

　　☆当万寿菊苗高 25 ~ 30 厘米时出现少量分枝，应在植株基部进行培土，以促发不定根，防止倒伏，同时抑制杂草生长。培土后根据盆土墒情进行浇水，每次浇水量不宜过大，勿漫盆，保持土壤间干间湿。

　　☆万寿菊寓意着吉祥，所以被人们视为敬老之花。逢年过节，特别是老年人寿辰，常作为礼品赠送，预祝老人健康长寿。

36 仙客来 /Persian Cyclamen：多年生草本植物

　　仙客来的某些栽培种有浓郁的香气，而有些香气淡或无香气。仙客来喜凉爽、湿润及阳光充足的环境，要求疏松、肥沃、富含腐殖质、排水良好的微酸性沙壤土。常作盆栽观赏。

生长月份表 / 月											
1	2	3	4	5	6	7	8	9	10	11	12
播种期											
花期											

Tips

　　☆仙客来还可用无土栽培的方法进行盆栽，整洁迷人，更适合家庭装饰。仙客来花形别致，娇艳夺目，烂漫多姿，观赏价值很高，深受人们喜爱。是冬春季节名贵盆花，也是世界花卉市场上最重要的盆栽花卉之一。

　　☆仙客来属湿喜怕涝植物，水分过多不利于其生长发育，甚至引起烂根、死亡现象。因此，每天保持土壤湿润即可，且水量不宜过大。

　　☆仙客来喜阳光，延长光照时间，可促进其提前开花，冬春又是旺盛生花开花期，欲使花蕾繁茂，在现蕾期要给以充足的阳光，因此，应将仙客来放置在阳光充足的地方养护。

37 瑞香 /Daphne odora：落叶灌木植物

　　瑞香具浓香，有"夺花香"、"花贼"之称呼，若与其他花放置在一起，其他花有淡然失香之感。瑞香性喜阴，忌阳光晒，喜肥沃和湿润而排水良好的微酸性壤土。瑞香萌发力强，耐修剪，且病虫害很少，栽培繁殖较为容易。庭院中可以孤植点缀，也可以应用在花境中。

生长月份表 / 月											
1	2	3	4	5	6	7	8	9	10	11	12

扦插繁殖期

花期

Tips

　　☆瑞香盆景宜放置于温暖湿润、半阴半阳的场所。夏季应避阳光暴晒，冬季宜放在有光照、空气流通的南边窗下。

　　☆瑞香不耐湿，平时盆土宜带干，不可积水。夏季高温时宜早晚浇两次水，春秋时期浇水相应减少，但秋季孕蕾期，要注意盆土不可过干。天晴干燥时可常喷叶面水，做到枝叶常湿，利于生长，雨季可把盆搬至屋檐窗下，以避雨淋。

　　☆瑞香修剪多在花后进行，一般可将开过花的枝条剪短，以促使分枝多，增加翌年开花数量。剪除徒长枝、交叉枝、重叠枝，对影响美观的枝条也要及时剪除，以保持一定树形。

　　☆翻盆宜每隔2～3年进行一次，最好在春季花后进行，秋季亦可。翻盆时须多带旧土，根系不能多动，可适当剪除一些过长的须根。盆底必须放足基肥。

38 桂花 /Sweet tea olive：常绿灌木或小乔木植物

桂花有花中月老之称，其花朵香气袭人，有香飘十里之说。桂花树喜温暖湿润的气候，耐高温而不甚耐寒，对土壤的要求不太严，喜欢阳光，同时也有一定的耐阴能力。叶茂而常绿，树龄长，秋季开花，是我国优良的观赏花木和芳香树。

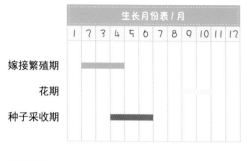

生长月份表 / 月											
1	2	3	4	5	6	7	8	9	10	11	12

嫁接繁殖期

花期

种子采收期

--- **Tips** ---

☆桂花不很耐寒，但相对其他常绿阔叶树种，还是一个比较耐寒的树种，在北方可以实现桂花盆栽。

☆湿度对桂花生长发育极为重要，幼龄期和成年树开花时需要水分较多，若遇到干旱会影响开花，强日照和荫蔽对其生长不利，一般要每天 6 ~ 8 小时光照。

☆桂花的分类：以花色而言，有金桂、银桂、丹桂之分；以叶型而言，有柳叶桂、金扇桂、滴水黄、葵花叶、柴柄黄之分；以花期而言，有八月桂、四季桂、月月桂之分。

食用 花草

食用花草是指花草的茎、根、叶、花、果实等部位具有直接供食用、制药、酿酒和提取香精等作用的花草植物。阳台栽植食用花草可以使其成为厨房生活的点缀。

39 草莓 /Strawberry：多年生草本植物

草莓是一种人见人爱的水果，只要温度适宜就可全年生长。草莓喜光，喜潮湿，怕水渍，不耐旱，喜肥沃透气良好的沙壤土。春季气温上升到5℃以上时，植株开始萌发，最适生长温度为20~26℃。

生长月份表 / 月												
	1	2	3	4	5	6	7	8	9	10	11	12
栽种期			■	■								
追肥期			■	■	■							
浇水期		■	■	■	■	■						
采收期						■	■					

Tips

☆草莓结果时，注意果实不能接触土壤，所以花盆种植草莓是个不错的选择。在盆土表面铺上一层石头或者干草，避免浇水时泥土溅到草莓上。

☆草莓种植的第一年主要是养分积累阶段，能收获的草莓比较少，第二、三年产量较高，往后产量逐年下降需要更新植株。

☆草莓的繁殖方法主要是匍匐茎繁殖，选择生长良好并生出一枝匍匐茎的草莓植株；当匍匐茎长到3～4片叶子时，可以将其剪下，就可作为新植株栽种。

☆甜草莓酱的做法：（草莓300克、白砂糖150克、柠檬汁20克）将草莓洗净，切小块，加入白砂糖，拌匀，保鲜膜包裹冰箱冷藏24小时左右，使草莓内水分渗出；将草莓连同渗出的水分一起放入锅里（勿用铁锅），大火翻炒，直到草莓变软，然后用中火慢慢熬至黏稠状，关火加入柠檬汁，搅拌均匀，甜草莓酱即可出锅。

40 辣椒 /Chillies：一年或多年生草本植物

辣椒有辣味，供食用。辣椒喜温、喜水、喜肥。辣椒对条件水分要求严格，它既不耐旱也不耐涝。喜欢比较干爽的空气条件。辣椒在中性和微酸性土壤都可以种植，但其根系对氧气要求严格，宜在土层深厚肥沃、富含有机质和透气性良好的沙性土或两性土壤中种植。

生长月份表 / 月												
	1	2	3	4	5	6	7	8	9	10	11	12
定植栽种期				▬								
追肥期												
浇水期					▬	▬	▬					
采收期						▬	▬					

Tips

☆辣椒育苗一般在春分至清明。将种子在阳光下暴晒两天，促进后熟，提高发芽率，杀死种子表面携带的病菌。反复冲洗种子上的药液后，再用 25 ~ 30℃的温水浸泡 8 ~ 12 小时。再将种子撒到土壤中，覆盖 0.5 厘米厚的土。

☆一般花谢后 2 ~ 3 周，果实充分膨大、色泽青绿时就可采收，也可在果实变黄或红色成熟时再采摘。注意尽量多分多次采摘，连果柄一起摘下，留较多果实在植株上，可提高产量。

☆辣椒以沟栽或平栽为宜，定植时浅覆土，以后逐渐培土封垄。辣椒株形紧凑，适于密植。尤其适合作为栽植面积有限的阳台植物。

☆阳台收获的辣椒当做厨房的配料，可口美味，促进食欲，同时也增加了不少生活乐趣。

41 小番茄 /Cherry Tomatoes：一年生草本植物

　　小番茄是喜温喜光蔬菜，根系生长的最适温度为 20~22℃，生长期最适气温为 18~28℃，生长期需要较多的水分，但不适宜进行大水浇灌，对土壤质地要求不严格，播种前必须先对土壤进行消毒。

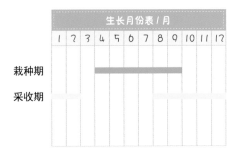

生长月份表 / 月												
	1	2	3	4	5	6	7	8	9	10	11	12
栽种期												
采收期												

Tips

☆提高土壤温度可以促进小番茄根系的生长，从而促进植株的生长发育。

☆播种前先浇透水，避免播后再浇水，导致种子流失。

☆小番茄植株长到20~30厘米时，在离茎2厘米左右插入竹棍作临时支柱，用绳子以8字绑法固定茎杆，并给茎杆留出一些生长空间，依靠着支柱，小苗逐渐长成茁壮的迷你番茄。

☆甜心叉叉果的做法：芝麻炒熟盛出备用；小番茄洗净扎上牙签备用；一碗凉水备用；先将油烧热，再放入白糖（油糖比约1：3），温火将糖熔化，用勺子慢慢搅动，直到糖炒为浅黄色，糖汁翻起小白泡时，便可关火；将扎上牙签的小番茄在糖汁中转动使小番茄均匀地裹上糖汁，在水中蘸一下，防止糖汁拔丝；将裹着糖汁的小番茄在芝麻中转动，再裹上一层芝麻，甜美的叉叉果就出来啦。

42 **樱桃萝卜 /Radicula Radish：一年生根茎类蔬菜**

樱桃萝卜具有品质细嫩、生长迅速、外形色泽美观等特点，适于生吃。樱桃萝卜适应性很强，对环境条件的要求不严格。喜光照，生长适宜的温度范围为 5 ~ 25℃，水分要求均匀供应，对土壤要求也不严格。

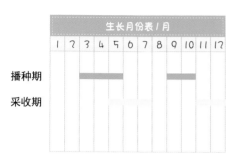

生长月份表 / 月												
	1	2	3	4	5	6	7	8	9	10	11	12
播种期												
采收期												

Tips

☆ 樱桃萝卜生长过程中若水分过多，肉质根皮孔加大变粗糙；若长期干旱，生长缓慢，须根增多；干湿不均则易造成裂根。故而在其生长期内应保持一定的土壤湿度。

☆ 樱桃萝卜属于长日照作物，在每天 12 小时以上日照条件下才能进入开花期。

☆ 樱桃萝卜的播种方法：准备长形花盆倒入营养土（留出 2~3 厘米的浇水空间）并浇透水备用；在盆土中用手指划出条状沟槽，各槽间距 5~6 厘米，在槽内逐一播种（种子间距 2~3 厘米）覆薄土；播种 2~3 天后就会发芽，发芽后将花盆移至阳光充足的地方；发芽一周后进行疏苗，间距 5 厘米左右，并在植株周围培土固定植株。接下来就是精心养护等待收获啦。

☆ 糖萝卜的做法：樱桃萝卜洗净，切成薄片备用；柠檬挤汁备用；在容器中加入白砂糖、盐、柠檬汁和少许清水，搅动使白糖溶解混匀；将切好的樱桃萝卜放入调好的汤汁中，用保鲜膜密封好，放入冰箱腌制 24 小时；时间到后将其拿出，撒上芝麻即是一盘美味的糖水萝卜。

43 九层塔 /Basil：一年生草本植物

九层塔也叫罗勒，其花呈多层塔状，故称为"九层塔"。罗勒喜温暖潮湿环境，不耐寒，也不耐旱。

生长月份表 / 月											
1	2	3	4	5	6	7	8	9	10	11	12

播种期

叶子采收期

种子采收期

Tips

☆九层塔播种要选择晴天上午进行，将营养土装入花盆内，用热水或温水浇透，等水渗下后，撒1层药土，将出芽的种子均匀播于盘内，上面覆1厘米厚药土，盖上塑料薄膜，保温保湿。

☆晚春或秋季时节，剪取约10厘米具叶片成熟之嫩枝条以沙壤土或栽培土扦插即可繁殖。根群旺盛的小苗即可定植于盆栽栽培。

☆九层塔嫩茎叶柔具有芳香，主要用做凉拌菜，也可炒菜、做汤，沾面糊后油炸至酥后食用，或作调味料。如用叶片洗净切丝，放于凉拌西红柿上调味，又红又绿，令人胃口大增。

☆九层塔是制作可口的台式三杯鸡或香酥鸡不可缺少的材料，还可以炒文蛤等海鲜；台湾家常菜里还有一道简单又美味的九层塔炒鸡蛋。九层塔也是南欧菜，特别是意大利的面食常常出现的香料，也是法国南部的九层塔酱的主材料。

44 **百合 /Lily：多年生草本球根植物**

百合的可食用部分为鳞状茎。百合植株喜凉爽潮湿环境，日光充足的地方、略荫蔽的环境对百合更为适合。要求肥沃、湿润、富含腐殖质、土层深厚、排水性极为良好的沙质土壤，多数品种宜在微酸性至中性土壤中生长。百合可以丛植、盆栽，是重要的切花材料。

生长月份表 / 月											
1	2	3	4	5	6	7	8	9	10	11	12

播种期

追肥期

Tips

☆分小鳞茎法繁殖百合：如果需要繁殖 1 株或几株，可采用此法。通常在老鳞茎的茎盘外围长有一些小鳞茎。在 9 ~ 10 月收获百合时，可把这些小鳞茎分离下来，贮藏在室内的沙中越冬。第二年春季上盆栽种。培养到第三年 9 ~ 10 月，即可长成大鳞茎而培育成大植株。此法繁殖量小，只适宜家庭盆栽繁殖。

☆百合开花之后，很多人就把球根扔掉。其实它仍有再生能力，只要将残叶剪除，把盆里的球根挖出另用沙堆埋藏，经常保湿勿晒，翌年仍可再种 1 次，并可望花开二度。

☆百合为药食兼优的滋补佳品，四季皆可应用，但更宜于秋季食用。

45 **康乃馨 /Carnation：常绿亚灌木**

康乃馨为常绿亚灌木，喜阴凉干燥，阳光充足与通风良好的生态环境。耐寒性好，耐热性较差，宜栽植于富含腐殖质、排水良好的石灰质土壤。在庭院中康乃馨可丛植，作花境材料，或做盆景观赏，也是重要的切花材料。

生长月份表 / 月											
1	2	3	4	5	6	7	8	9	10	11	12

扦插繁殖期

花期

Tips

☆喜好强光是康乃馨的重要特性。无论室内越冬、盆栽越夏还是温室促成栽培，都需要充足的光照，都应该放在直射光照射的向阳位置上。

☆康乃馨的扦插繁殖除炎夏外，其他时间都可进行，尤以1月下旬至2月上旬扦插效果最好。插穗可选择枝条中部叶腋间生出的长7～10厘米的侧枝，采插穗时要用"掰芽法"，即手拿侧枝顺主枝向下掰取，使插穗基部带有节痕，这样更易成活。采后即扦插或在插前将插穗用水淋湿亦可。插后经常浇水保持湿度和遮阴，室温10～15℃，20天左右可生根，一个月后可以移栽定植。

☆康乃馨是重要的切花材料，还可以用来装饰花环、花篮、花束等。因其花期长，花形娇艳，清香淡雅，颇受人们青睐，矮生品种可用于盆栽观赏。

☆康乃馨的花朵可以搭配勿忘我、玫瑰等其他花泡制成独特的茶饮品。

46 玉簪 /Hosta：多年生宿根草本花卉

　　玉簪的花朵可以食用，但食用时应去掉雄蕊。玉簪是较好的阴生植物，在庭院中可用于树下作地被植物，或植于建筑物北侧，也可盆栽布置室内及廊下观赏或作切花用。因花夜间开放，是夜花园中不可缺少的花卉。

生长月份表 / 月											
1	2	3	4	5	6	7	8	9	10	11	12

播种期

花期

Tips

　　☆玉簪分株繁殖极易成活。玉簪栽植一年后，一般可萌发3～4个芽，即可进行分株。分株时将老株挖出，可以晾晒1～2天，使其失水，免得太脆切时易折。用快刀切分，切口涂木炭粉后栽植。根据根状茎生长情况，可分成1株1个芽，也可分成每丛带有3～4个芽和较多的根系为一墩。分根后浇一次透水，以后浇水不宜过多，以免烂根。分株后另行栽植，一般当年即可开花。玉簪的母株，隔2～3年一定要进行分株，否则生长不茂盛。

　　☆玉簪上盆，一般先用较小的花盆（7.5厘米塑料杯）种植，种植时先在杯底垫2厘米左右厚的基质，再将筛苗移入杯中，小苗种植不宜过深，以平植株基部为宜，1～2株/盆；基质松紧适中，装至杯子9分满，轻轻振动盆土即可。

　　☆玉簪喜欢温暖气候，但夏季高温、闷热的环境不利于它的生长；对冬季温度要求很严，当环境温度在10℃以下停止生长，在霜冻出现时不能安全越冬。

47 唐菖蒲 /Gladiolus：多年生草本

　　唐菖蒲可食用部位为茎段，唐菖蒲喜凉爽、不耐寒、畏酷热，为长日照植物，要求疏松肥沃、湿润且排水良好的土壤。它的盆栽不大美观，但作为切花却非常艳丽。唐菖蒲也可作为花境、花坛植物。

生长月份表 / 月												
	1	2	3	4	5	6	7	8	9	10	11	12
播种期												
花期												
果期												

Tips

　　☆北方地区在秋末应将球茎自盆中挖出，放在室内干燥处过冬。

　　☆唐菖蒲是需水较多的花卉，适时浇水、保持土壤湿润是促使其多开花的重要措施，如遇炎热高温，应及时喷雾增湿，降低温度，雨后应注意排水。

　　☆唐菖蒲不耐阴，为长日照植物，以每天16小时光照最为适宜，切花品种受光照影响甚大，日照充足则长势苗壮，抗逆力强，花色艳丽而持久，但炎热夏季，也要避免强烈阳光直射。

　　☆简单的食用方法：唐菖蒲茎段洗干净切手指长段，放入水烧开的锅里过水捞起，在盘里摆放好放上蒜末；另起油锅，加入生抽等调味品，烧开加入湿淀粉勾芡成浓汁浇在唐菖蒲茎段上，最后浇上些蚝油，放小番茄作装饰即可。

48 睡莲 /Water Lilies：多年生水生花卉

睡莲的花瓣可食用，花茎均可入药。睡莲喜强光、通风良好的环境，对土质要求不严，但喜富含有机质的壤土，生长季节池水深度以不超过 80 厘米为宜。睡莲是花、叶俱美的观赏植物，阳台上有一汪水池种植睡莲，也能形成美好的意境。

生长月份表 / 月												
	1	2	3	4	5	6	7	8	9	10	11	12
分株繁殖期												
花期												
果期												

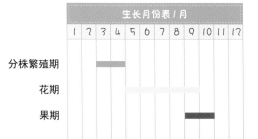

Tips

☆睡莲的盆栽：每年春分前后，在花盆底部放入腐熟的豆饼或骨粉、蹄片等肥料，上面放入 30 厘米以上肥沃河泥。然后将带有芽眼的根平栽入河泥中，覆土没过顶芽，放入 1 厘米的粗沙与小卵石，然后在盆中或缸中加水。高温季节及时换水，以免产生藻类而影响其美观。

☆盆栽睡莲的肥料，一般只要选用沃土，栽时加些鸡粪、骨粉作基肥就够了。若要促使多开花，可在开花期增施几次以磷、钾为主的追肥。切不可多施氮肥，不然，由于营养生长过于旺盛就会抑制其生殖生长，致使其开花不良或不开花。

☆睡莲多采用分株法栽培。种茎选择的好坏，也是栽培成败的关键一环。种用的地下根状茎，要选取生长旺盛健壮、无病毒、无损伤、无腐烂、带有新芽的一段，切成 6～10 厘米长的段块。

☆睡莲性喜阳光充足、温暖潮湿、通风良好的气候。采取盆缸栽培的睡莲，一定要置于光照充足的位置，让其接受全光照。

49 **牡丹 /Peony：多年生落叶小灌木**

　　牡丹的花瓣可以泡茶、煮粥，根皮可以入药。牡丹喜凉恶热，喜阴不耐阳，宜燥惧湿，要求中性土壤或沙土壤，忌黏重土壤，忌低温处栽植，怕长期积水。可在阳台角落中自然式孤植、丛植。

生长月份表 / 月											
1	2	3	4	5	6	7	8	9	10	11	12

播种期

花期

采种期

Tips

　　☆简单区分牡丹和芍药：最根本的区别，牡丹是能长到 2 米高大的木本植物，芍药是不高于 1 米的草本植物；牡丹叶片宽，正面绿色略呈黄色，而芍药叶片狭窄，正反面均为黑绿色；牡丹的花朵着生于花枝顶端，多单生，花径一般在 20 厘米左右，而芍药的花多于枝顶簇生，花径在 15 厘米左右。

　　☆牡丹栽培 2 ～ 3 年后应进行整枝。对长势旺盛、发枝能力强的品种，只需剪去细弱枝，保留全部强壮枝条。对基部的萌蘖应及时除去，以保持美观的株形。除芽也是一项极为重要的工作，为使植株开花繁而艳、保持植株健壮，应根据树龄情况，控制开花数量。

　　☆牡丹因根须较长，植株较大，因此适合于地栽，若要盆栽，则应选大型的、透水性好的瓦盆，盆深要求在 30 厘米以上。最好用深度为 60 ～ 70 厘米的瓦缸。

50 月季 /Rose：常绿或半常绿低矮灌木

月季的花朵可以煮粥、做点心食用。月季的适应性强，耐寒耐旱，对土壤要求不严格，但以富含有机质、排水良好的微带酸性沙壤土最好，喜日照充足、空气流通、排水良好而避风的环境，过多的强光直射、夏季高温对开花不利。适宜做沿墙的花篱、独立的花屏和花圃镶边。

生长月份表 / 月											
1	2	3	4	5	6	7	8	9	10	11	12

扦插繁殖期

花期

Tips

☆月季花大花多，需肥多，故宜多施肥料，在萌芽前应施足有机肥。对于盆栽月季，应在早春换盆一次，以后每隔10～15天追肥一次。追肥可用饼肥加磷肥沤制的液肥对水浇施，特别5月盛花后，应及时施肥，以促夏、秋开花。

☆月季开花后应在花下第三个复叶以下剪掉，以促发壮实新枝，及早现蕾开花。修剪时弱短枝应先剪、高剪；健壮枝后剪、短剪，以促弱抑强，促其开花整齐。长枝条修剪长度不宜超过1/2，避免腋芽萌发迟缓。此外每茬留花不宜过多，盆栽月季以3～5朵为宜。留花过多养分过于分散，花小且影响下茬花。

☆月季大多采用扦插繁殖法，亦可分株、压条繁殖。扦插一年四季均可进行，但以冬季或秋季的梗枝扦插为宜，夏季的绿枝扦插要注意水的管理和温度的控制，否则不易生根。冬季扦插一般在温室内进行。

植物 照顾 Q&A

Q 大自然中的土可以使用吗?

A 自然土壤可以分为①沙质土:含沙量多,颗粒粗糙,通气性好,透水性好,保水性差。适合种植原产热带、干旱地带的植物或是一些附生植物,如蝴蝶兰、卡特兰等。②黏质土:含沙量少,颗粒细腻,通气性差,透水性差,保水性好。适合种植一些扎根深远的乔木或灌木。③壤土:介于两者之间。是较为理想的土壤质地,但含虫卵草籽病菌等几率较高,土壤肥力也不确定,用于家庭种植需进行彻底消毒灭菌,比较麻烦。

Q 哪种土壤使用起来比较方便?

A 家居盆栽使用的土壤多为营养土,是由肥沃的田园土与腐熟的厩肥混合配制而成。市场上也有专门出售的营养土,经过杀菌消毒处理,营养成分齐全,酸碱适中且品质稳定,很适合家庭园艺使用。若种植的植物对土壤酸碱度有特殊要求,可通过施肥浇水调节。土壤中加入草木灰或石灰粉可使其碱性增加,而淘米水及苹果皮浸泡过的水都可以使土壤的碱性下降酸性增强。

Q 营养土太松软,植物站不稳怎么办?

A 营养土重量较轻,若种植茄子、青椒、番茄等株形较大的植物时会出现植株垂软站不稳的现象,所以种植这类作物的营养土应当添加 1/5~1/4 的自然土壤,再掺入 1/10~1/8 的有机肥作为基肥,就可以种植这些蔬菜了,如果是短期型或株形型较小的植物直接用营养土种植就可以了。

Q 适合植物生长的土壤有哪几种?

A 我们知道沙质土渗水快,黏质土渗水慢,壤土居中。沙质土积水少,说明它保水性能差,黏质土积水少,说明它保水性能好,壤土积水比沙质土多,比黏质土少,说明它保水性能居中。壤土能够适应大多数植物的生长,但植物的最适壤土,不同的植物有不同的要求,应根据其生长习性来确定。

Q 使用过的土壤可以直接继续使用吗?

A 土壤是植物赖以生存的关键,土壤的好坏直接关系到植物的生长发育。种花用好土就能事半功倍,花草从小到大,再到花开化谢,盆土里的养分几乎耗尽,有因长期浇水施肥导致盆土碱化,土壤板结,透气性差。所以使用过的土壤可以再利用,但不能够直接使用。这些土壤可以在每年的春秋两季,翻盆换土的同时,进行沤土,作为下次播种或翻盆的盆土。

Q 怎样进行沤土?

A 将板结的盆土先浇湿,放入咖啡渣、煮黄豆、果皮果核等厨余垃圾(也可以加入一些动物内脏增加土壤肥力,但会产生难闻的气味),将这些东西埋好后,在盆土表面浅埋一些土虫丹等杀虫药,浇透水,再喷些雷达、必噗等杀虫剂。最后盆口套上塑料袋,扎紧。大约两个多月沤的土就可以使用了,气温较低的话,沤土的时间可以适当地长些。到需要用土时,在盆内加入一定比例的珍珠岩就可以使用了。

Q 出差半个月家里没人,小植物们该怎么浇水呢?

A 简易的浇花装置可以 DIY。在花盆底部加个棉线,另一头进入水盆,以吸水的方式传递水分,适合需水量少的植物。也可以把水瓶盖上钻个小孔,水灌满后,倒置埋入盆土中。最简便安全的方法是,找输液的装置,控制流速，制成自制的滴灌器，把花放在不是阳光直晒的地方，减少水分蒸发。

Q 有没有必要为植物设置补光灯？

A 根据植物所能接受的光照情况而定，如果不朝阳，环境一直很暗的话白天可用，晚上也照不妥，植物夜晚也要休息，当然对一些长日照喜光植物，夜间可适当增加。但最好不要破坏植物生长规律。

Q 我家的樱桃萝卜养护得一直很细心，为什么收获时还是出现了裂根呢？

A 樱桃萝卜的裂根不一定都是水分失衡造成的，收获过晚吸收养分过多它也会出现裂根。在其生长过程中一旦根部外露就表示可以收获了，根部膨胀外露的情形逐渐明显时就表示随时都可以采收了。

Q 小萝卜终于开花了，可是叶片怎么变成浓绿淡绿相间的花叶了，还有一些褐色的斑点？

A 这些现象是病毒病的前期症状，若不及时防治，发病后期叶片会变黄变脆，严重的植株会停止生长。阳台种植很难感染到这种病害，若偶有发生使用 20%的病毒净 500 倍液每 7 天一次连喷 3~4 次即可。苗期是病毒病的易感时期，也可在此时期喷药防治，避免病毒感染传播。

Q 小番茄终于结果了，可是怎么出现了落果呢？

A 阴雨天光照不足，浇水不均匀，土壤忽干忽湿，花期水分失调，花柄处形成离层，水肥不足等都会造成小番茄落花落果现象。防治措施有合理控制水肥，每天给予一定的光照；或者是使用植物生长调节剂，如番茄灵浓度 25~50 微克花期涂抹花柱。

Q 我家的小番茄植株上出现了小虫子，怎么办呀？

Ⓐ 一般在家庭种植的小番茄不会出现什么病虫害，只要能控制好湿度就可以避免病虫害的发生。若已经出现了小虫子可以每月喷 2~3 次肥皂水或烟丝泡水；对于发生病害的叶片、果实，一经发现应立即摘除，防止蔓延。

Ⓠ **我家种的土豆叶子长得很茂盛，怎么结的土豆这么小呢？**

Ⓐ 这种情况应该是栽培时温度偏高，地下块茎生长缓慢，而叶片生长温度适宜，吸收了过多养分，导致的这种现象。应当赶快把土豆转移到凉快的地方。也有可能是土壤或施的肥料中氮元素过多，造成的叶片肥大，应当注意控制肥水。

Ⓠ **刚收获的土豆怎么长了一些小白毛呢？**

Ⓐ 这应当是土豆感染到病害了，下次播种时将种子用 200 倍福尔马林浸泡后包裹严实闷种两小时，给种子彻底杀菌。若叶子发生病害，应提前割蔓，两周后再收土豆，避免病害蔓延。出现了病菌的土壤也要消毒后才能再使用。

Ⓠ **想利用红薯的萌芽来做扦插，怎样能让萌芽长得又好又快？**

Ⓐ 红薯萌芽长得慢主要还是温度湿度条件不合适。为加快萌芽的生长速度，可以将红薯埋入土中，浇水并盖膜保温或放置在温暖的环境中，促进萌芽的生长。一般芽苗长到 30 厘米左右需要 4 周，生长过快的萌芽往往徒长不易形成壮苗。

Ⓠ **阳台种植菜用红薯叶，需要预防哪些病虫害？**

Ⓐ 阳台种植的蔬菜，只要做好种前的消毒工作一般不会有什么病虫害发生。若发生了病害使用病菌清消毒，虫害则用肥皂水防治即可见效。

Q 听说茄子可以越冬生长，能实现吗？

A 茄子原产热带，本是多年生植物，只要温度适宜便可生长多年，在北方冬季温度低茄子就做一年生栽培。若是在北方不影响生长，让其安全过冬，可以将植株搬到室内养护，或阳台夜温不低于10℃，也不会影响其生长。

Q 茄子生长过程中怎样预防病害？

A 阳台种植的茄子一般不会发生病害，最有可能发生的病害是黄萎病，主要表现是叶片发黄卷曲，植株萎蔫，防治方法是用菌根消1000倍液在定植前浸根，对栽培土壤进行杀菌。

Q 冬天到了阳台上的小草莓该怎么过冬呀？

A 如果阳台没有暖气，可以把草莓拿到室内来养护；或者想让它露天过冬的话，就用杂草铺盖一层到开春时揭开就行了，冬天草莓的地下部分会进入休眠，开春了会长出新的植株来。

Q 我家的草莓叶片变黄、畸形，慢慢地开始枯死了，这是怎么回事啊？

A 这应该是草莓的黄萎病，出现病状后给盆体充分浇水，然后用塑料膜或者保鲜膜覆盖盆土，放置于太阳下，帮助土壤进行消毒，就可以啦。

Q 沙漠玫瑰盆养半年一直没生新根，还能养活吗？

A 能够养活，沙漠玫瑰属于夹竹桃科虽为木本，但植株内含水分较多，一怕冬季低温，二怕水大浸根。要求所用盆土疏松透水透气为好，它低于15℃叶片变黄掉落。如果根茎不软，下边须根没长也不烂，那就将其放置在光照处养护，到天暖再继续观察。如果根茎部发软有烂斑，使其不发新根，那就要削除后用烧红铁片快速烫烙碳化，或放在阳光下暴晒，达到杀菌和伤口干透结痂的效果。

Q 杜鹃的花苞两个多星期了一直未能打开，是怎么回事？

A 杜鹃花本来就打开得慢，花苞打不开也跟日照不足和低温有关，当然如果盆土过湿也会造成根系受损，也不会开花。若是被水浸着，或是晒了大太阳都会使花苞打不开。

Q 盆养的文竹一直往上长，株形乱糟糟的，该怎样修剪？

A 文竹往上长可能是藤化的结果，可以将其拦腰修剪，重新发侧枝。整形上借助绳子固定枝条的走向，使其大致形成满意的株形。

Q 一摸香出现了徒长现象，剃头后能重新长吗？

A 一摸香剃头后可以重新长成新的植株，剪去的徒长枝也可以扦插形成新的植株。

Q 一摸香的叶子软塌塌的，有掉叶的现象，该怎么办？

A 一摸香也属于懒人植物，管理得越精细反而越容易出问题。叶子软应该是接受的光线较少，应多晒太阳，浇水防止浇涝。

Q 满天星播种后长得细长，需要怎样管理？

A 满天星在播种出芽后要适当地晒太阳，长得细长有可能是徒长。晒太阳时光线不要太强烈，也可以进行适当的培土，使小苗更加稳固。

Q 水仙雕刻过的一面可以放在水里吗？

A 将雕刻了的一面先朝下泡水两天，把刻伤的黏液泡出洗净，然后翻过来上盆泡水。最好在刻伤的地方放张打湿的纸巾，以免干黄，影响美感。

Q 盆栽的竹子叶片发黄卷曲，如何恢复健康？

A 将花盆搬到水池里，往花盆中倒水，盆底会流出有味道的偏黄的水，等流出的是清水时即可。竹叶干尖，叶片黄应是盆土有害物积累过多使根受损导致的。经浇水洗去有害物质竹根会逐渐回复由棕色变白色，再长出的叶子会正常。竹子喜水，盆土略干即浇透，及时清除接盘里的水防止倒吸。

Q 盆面养的苔藓开始发黄是什么原因？

A 冬季气温不够，苔藓就容易发黄，那是没办法的。若是室内温度适合，可以经常喷雾给水。苔藓喜欢潮湿的环境，吸水率是自重的 60 倍。

Q 天竺葵嫩叶和枝干发黄怎么办？

A 天竺葵叶片发黄表现在嫩叶和枝干上，老叶无明显变化，是壮苗浸盆、浇水过多造成的，注意适当控水，严重时将花卉脱盆置于通风阴凉处，吹干土团后再装回盆中即可。

Q 吊兰的根处发出几个绿色小突起，是新长出来的小植株吗？

A 是的，若没有繁殖的计划，这样的小植株应及时拔除。因为吊兰发新株速度很快，不及时清除很快就会长爆盆。若要分株繁殖，待小植株长大到一定程度进行分株，重新换盆即可。

Q 非洲凤仙掉蕾是什么原因？

A 非洲凤仙比较娇嫩，室内有暖气的环境，做不到通风，不要对着植株喷水。花蕾较多时，对着植株喷水，容易产生掉蕾现象。冬季室内干燥，应及时给盆土灌水，而不是喷水。

Q 阳台上绿萝夏天生长得很好，到了冬天叶子发黄，

出现了烂叶是什么原因?

Ⓐ 首先应该排除的是浇水的问题，绿萝可以水培，所以这种情况不是水大造成的。绿萝怕冷，应当是受到冷害才出现了这种情况，冬天应把绿萝放在家里最温暖的地方养护。也可以把比较长的枝条剪下来直接放花瓶里水培。可尽量放温暖的地方，它自己会慢慢发根。

Ⓠ 天竺葵老叶发黄怎么办?

Ⓐ 天竺葵叶梢或边缘发枯、发干，老叶自下而上枯黄脱落，新叶生长比较正常，则是过度控水、盆土缺水造成的，应及时补充水分，注意浇水时浇足、浇透。

Ⓠ 君子兰烂根比较严重，只剩下一个根还有救吗?

Ⓐ 有救，君子兰的生命力十分顽强，将植株挖出来放到阴凉处，直到腐烂的根干掉变空壳后，去掉坏根留下好根，再重新上盆注意控水。或者直接用杀菌剂消毒后晾干两天，再栽在清洁的河沙里，放明亮处，早晚喷雾，待长势缓过来再重新上盆。

Ⓠ 君子兰偏叶如何纠正?

Ⓐ 君子兰在养的过程中，因为不同的因素，如光照、温度等原因，会出现某个叶片偏出叶片序列的情况。此时应用不透光的纸或锡纸将君子兰偏出的一面包住固定，并将另一面朝向光照的方向，这样，如果发现及时，叶片会慢慢长回去。当叶片快与叶片序列重合时，就需要及时把包叶片的纸拿下来，免得矫枉过正，偏向另一边。另外，养君子兰的时候，定期将君子兰花盆转向是必需的，可以顺时针每次 90 度转动花盆，这样可以让叶片接受光照更均匀，避免叶片长偏长歪。

Q 多肉越长越高，一直不发侧芽该给它砍头吗？

A 生长前期造成了徒长，只长茎叶没有多余的养分供它发侧芽。过高的株形也容易使植株长成大头娃娃，造成头大身子小，可能以后会支撑不住倒伏或弯下来。可以考虑砍头重新塑形。

Q 盆养矮牵牛叶子发黏，是得了什么病吗？

A 矮牵牛的叶子会发黏，是正常现象。如果不放心可仔细观察叶面是否有病斑或虫卵出现。

Q 水培红掌一直不开花该怎么办呢？

A 红掌不开花与温度有很大的关系，除了下面的小芽叶外，每出一片叶，叶腋会出一朵花，冬天根本就长不全一片叶，很难开花，一般春天比较暖和后才开始开花。若春夏温暖季节也一直不开花，建议改为更利于其生长的土培方式。

Q 滴水观音使用松针拌园土养殖可以吗？

A 滴水观音也是靓丽的懒人植物，没有那么娇贵，一般的园土就能使其生长得很好了。

Q 养了一年的仙人球，不发个而且越长越歪是怎么回事？

A 仙人球养护要多晒太阳少浇水，还要定期调整仙人球向阳的位置，也要定期施肥哦。这样仙人球不但长势匀称，还很健壮，不久就能开花了。

Q 身为多肉的菜鸟粉丝，购买多肉时应如何挑选？

A 选择健康的多肉植物，需注意几个重点：选茎叶肥壮健康的植株；选植株具有品种独特的色彩；注意植株是否感染病虫害；注意植株是否有徒长现象，避免买到不健康的植株，难以成活。

Q 球兰到冬季叶子全掉了还能再长出来吗？

A 球兰到了冬季，温度变低容易掉光叶子，这时扒开土看看烂根了没有，没有的话，就慢慢等它发新芽。若是已经烂根，就将其拔出，剪好的茎枝重新扦插新的植株。

Q 天竺葵整株叶片发黄怎么办？

A 若是天竺葵整株叶片褪色发黄，则有可能是温度偏高造成的，天竺葵并不耐热，只要温度持续在30℃以上，天竺葵的生长就会受影响。夏季应将天竺葵放在室内凉爽的地方养护。天气热了，天竺葵休眠，叶子就会黄，也属于正常现象。

Q 室内的翠兰到了冬季叶子发黄下垂怎么办？

A 冬天室内的温度和湿度都低，温度低了，翠兰会进入休眠，叶子会有下垂属于正常现象。叶尖干焦是由于室内干燥、湿度太低，可以进行叶面喷水增加湿度。

Q 天竺葵部分枝干干枯了怎么办？

A 如果上面是盲枝，干枯是正常现象，扦插剪过的枝条形成盲端后就会变黑，但是下面有侧枝，就不会继续干下去。如果干枯的下部分没有芽，就将侧枝剪掉重新扦插，否则继续干下去会殃及侧面枝条。天竺葵剪枝条后会向下干一节，所以不能紧贴着芽剪，必须留出一定的长度来，如果要贴着剪，需要剪完伤口后立马撒上多菌灵粉末。

Q 天竺葵枝条上惊现小霉点该如何处理？

A 喷施多菌灵。

Q 定植后的天竺葵为何不长个儿？

A 控水会造成小苗老化，判断盆土是否太干了，小苗可以直接浸盆。夏天天竺葵要进入休眠，所以也会不怎么长个了！最好采用秋播，春播也可！定植后的小苗用小盆，小盆容易管理。

Q 天竺葵黑杆是什么情况？

A 首先刮开杆子的表皮，确定一下是否黑腐。如果黑腐了，那只好剪枝条扦插了（剪枝用高锰酸钾水浸泡之后扦插）母株是无法挽救了。夏季高温，最好用水插法扦插。

若刮开后露出绿色的韧皮部，就不是黑杆只是杆部木质化了。应剪掉黄叶，同时剪掉下面大的叶子，让天竺葵木质化的杆露出来，如果严重时也可剪掉花。

Q 种上的百合种球未烂，为何迟迟不生根发芽？

A 百合种球不发芽可能是温度过高，要保持低温和土壤湿润种球才能生根。

Q 百合种球种上后，种球怎么逐渐烂掉了？

A 图便宜买到质量不好的种球就容易腐烂，另外种球杀菌泡完以后要晾干再播种，不然种下去也会烂掉的。

Q 百合复花过后，大种球怎么变成了一堆小球？

A 百合最好不要进行复花处理，百合一年开两次花希望不大，这样处理过后的种球基本报废不能继续使用。